贵州省职业技能学历双提升工程

畜禽生产技术

贵州省教育厅 / 编

贵州大學出版社
Guizhou University Press

图书在版编目（CIP）数据

畜禽生产技术 / 贵州省教育厅编. -- 贵阳 : 贵州大学出版社, 2022.12

贵州省职业技能学历双提升工程

ISBN 978-7-5691-0660-2

Ⅰ. ①畜… Ⅱ. ①贵… Ⅲ. ①畜禽－饲养管理－职业教育－教材 Ⅳ. ①S815

中国国家版本馆CIP数据核字(2023)第006222号

贵州省职业技能学历双提升工程 · 畜禽生产技术

编　　者 / 贵州省教育厅

出 版 人 / 闵　军
责任编辑 / 葛静萍　韦　霞
装帧设计 / 陈　丽　王　涛
出版发行 / 贵州大学出版社有限责任公司
地址：贵阳市花溪区贵州大学东校区出版大楼
邮编：550025　电话：0851-88291180

印　　刷 / 贵阳精彩数字印刷有限公司
开　　本 / 889毫米×1194毫米　1/32
印　　张 / 9
字　　数 / 154千字
版　　次 / 2022年12月第1版
印　　次 / 2022年12月第1次印刷
书　　号 / ISBN 978-7-5691-0660-2
定　　价 / 28.00元

编委会

前　言

“职业技能学历双提升工程”（以下简称“双提升工程”），是贵州省整体提升教育水平攻坚行动计划的“七大工程”之一。“双提升工程”主要是帮助16—59周岁未上学或低学历劳动者提升文化水平，让他们能学习一技之长，提高就业的核心竞争力，实现劳动增收。

开展“双提升工程”意义重大。首先，它是“提高人均受教育年限”最直接、最快捷的办法；其次，它是实施“技能贵州”、补齐短板最重要的途径；最后，它是广大农民在家增收致富、外出务工的“锦囊妙计”。在家的农民朋友经过“双提升工程”培训后，能够掌握种植、养殖和农产品加工等技术，学会“苗绣”、“贵银”、蜡染等非物质文化传承技术，可以很好地实现增收致富。贵州是劳务输出大省，但许多外出务工者只能从事待遇较低的简单劳力工作。如果经过“双提升工程”培训，拿到一个与技术相关的证书，收入就可能是普通工人的2—3倍或更高。如同样去建筑工地打工，懂技术的钢筋工、水泥工、水电工就比普通工人的工资多一倍以上。

为确保“双提升工程”有序开展，贵州省教育厅委托黔南布依族苗族自治州教育局组织黔南民族幼儿师范高等专科学校和贵州大学出版社编写文化基础教材，组织黔南民族幼儿师范高等专科学校、黔南民族职业学院、罗甸县中等职业学校、贵定职业技术学校等职业院校和贵州大学出版社编写专业技能课程教材，以此作为职业技术学校“双提升工程”的通用教材。本次教材的编写，无论是文化基础教材还是专业技能课程教材，都充分考虑了受教育者的学习能力与现有水平。文化基础教材通过通俗易懂的语言、简洁明了的图片等形式，向广大受教育群体讲述了我国优秀历史文化知识、政策法规等。专业技能课程教材则以劳动者日常生活所必需的技术技能为基础，重点介绍了电子电器的应用与维修、计算机的应用与维修、服装设计与工艺、民族服装与服饰、中餐烹饪等 11 个固定专业技能和 4 个具有地方特色的专业技能，具有较强的实用性和可操作性，充分体现了“双提升工程”与乡村振兴的密切关系。同时，本系列教材内容设置层层递进，让具有劳动能力但文化水平较低的劳动者通过培训，学习掌握扎实的文化知识和专业技能，真实有效地提高全省劳动者的文化水平，进一步增强这一部分人的从业就业能力。

教育是国之大计、党之大计！教育兴则国家兴，教育强则国家强。职业教育是国民教育体系和人力资源开发的重要组成部分，肩负着培养多样化人才、传承技术技能、促进就业创业的重要职责。大力开展“双提升工程”培训，有利于践行“以人民为中心”的发展理念，帮助广大农民朋友提升学历，并掌握一技之长，使他们能够更好地在家就业或外出务工，让他们“腰包鼓起来”，进而实现增收致富，达到“人人职教、个个就业、家家致富”的目标！

目录

1 兽医技术基础

2 养殖技术基础

3 猪生产技术

4 实用养鸡技术

5 肉牛养殖技术

6 山羊饲养管理及疫病防治

1

兽医技术基础

项目一　动物保定技术

※ 学习目标

- 了解动物保定的概念和意义。
- 掌握猪、马、牛、羊等家畜常用的保定方法。

※ 学习重点

- 掌握猪、马、牛、羊等家畜适用的保定方法。

利用人力、器械或药物来限制动物的活动，称为动物保定。保定的意义是确保人和动物的安全。同时，便于诊断、治疗动物。不同的动物，根据不同的用途适用于不同的保定方法。

任务　常见动物的保定方法

·猪的保定

提起保定

1. 正提保定

（1）用途　仔猪耳根部、颈部肌肉注射等。

（2）方法　正面两手握住猪的两耳，提起猪头部，使猪的前肢离地。

2. 倒提保定

（1）用途　仔猪腹腔注射。

（2）方法　两手紧握猪的两后肢跖部，用力提举，使仔猪腹部向前，保定者两腿夹住猪的背部。

倒卧保定

1. 侧卧保定

（1）用途　猪的注射、去势等。

（2）方法　一人抓住猪的一后肢，另一人抓住猪的耳朵，使猪躺倒侧卧，固定好它的头部和四肢。

2. 仰卧保定

（1）用途　猪前腔静脉采血、灌药等。

（2）方法　将猪放倒，使它呈仰卧状，固定好四肢。

· 马的保定

鼻捻棒保定

（1）用途　用于一般检查、颈部肌肉注射等。

（2）方法 将马的鼻捻子的绳套套于左手上并夹于指间，右手抓住笼头，左手自马的鼻梁向下轻轻抚摸，至上唇时，迅速有力地抓住马的上唇，右手放笼头，将绳套套于马唇上，捻转把柄拧紧。

耳夹子保定

（1）用途 一般检查、治疗和颈部肌肉注射等。

（2）方法 一手从马的耳后颈侧抓住马耳，另一只手持耳夹夹紧耳根部，要握紧耳夹，避免因马匹骚动、挣扎而使夹子脱手伤人。

两后肢保定

（1）用途 用于马直肠和阴道的检查以及臀部肌肉注射等。

（2）方法 取一根 8m 左右的绳子，取中对折，打一颈套，从马颈下部套起，绳两端过两前肢和两后肢之间，再分别向左右两侧返回交叉，使绳套落于系部，将绳端引回，固定在颈套上。

二柱栏内保定

（1）用途 临床检查、检蹄、装蹄及臀部肌肉注射等。

（2）方法 将马牵至柱栏左侧，缰绳系于横梁前端的铁环上，用另一绳将马颈部系于前柱上，最后缠绕围绳及吊挂胸、腹绳。

·牛的保定

徒手保定

（1）用途 适用于一般检查、灌药、颈部肌肉注射及颈静脉注射。

（2）方法 一只手拉提鼻绳或用拇指与食指捏住牛的鼻中隔。

牛鼻钳保定

（1）用途 适用于一般检查、灌药、颈部肌肉注射及颈静脉注射、检疫。

（2）方法 将鼻钳夹牛的紧鼻中隔，单手或双手握持鼻钳柄，或用绳系住钳柄进行固定。

二柱栏内保定

（1）用途 用于临床检查、检疫、各种注射及颈、腹、蹄等部疾病治疗。

（2）方法 与马的柱栏保定基本相同，亦可利用自然树桩进行简易保定。

倒卧保定

1. 背腰缠绕倒牛保定（一条龙倒牛法）

（1）用途 去势及其他外科手术等。

（2）方法 ①套牛角：在绳的一端做一个较大的活绳圈，套在牛两个角的根部；②做第一绳套：将绳沿非卧侧颈部外面和躯干上部向后牵引，在肩胛骨后角处环胸绕一圈，做成第一绳套；③做第二绳套：向后引至牛的臀部，再环腹一周，做成第二绳套；（此套应放于乳房前方）④倒牛：由两人慢慢向后拉绳的未固定端，由另一人把持牛角，使牛头向下倾斜，牛会蜷腿慢慢倒下；⑤固定：牛倒卧后，要固定好其头部，防止牛再站起。一般情况下，不需捆绑四肢，如有必要，再将其固定。

2. 拉提前肢倒牛保定

（1）用途 适用于去势及其他外科手术等。

（2）方法 ①保定牛头：由三人倒牛、保定，一人保定头部（握鼻绳或笼头）。②系绳：取约 10m 长的圆绳一条，折成长、短两段，于转折处做一套结并套于牛的左前肢系部；将短绳的一端经胸下绕至右侧，并绕过背部再返回左侧，由一人拉绳保定；另将长绳引至牛的左髋结节前方，并经牛腰部返回，打半结，再将绳引向后方，由二人牵引。③固定：令牛向前走一步，正当其抬举左前肢的瞬间，三人同时用力拉紧绳索，牛即先跪下而后倒卧；一人迅速固定牛头，一人固定牛的后躯，一人速将缠在牛腰部的绳套向后拉并使绳滑到牛两后肢的蹄部，将其拉紧，最后将两后肢与左前肢捆扎在一起进行固定。

·羊的保定

站立保定

（1）用途 适用于临床检查、治疗和注射疫苗等。

（2）方法 两手握住羊的两角或耳朵，然后骑跨羊背，用大腿夹住羊两侧胸壁进行固定。

倒卧保定

（1）用途 适用于治疗、简单手术和注射疫苗等。

（2）方法 保定者俯身，一手从对侧抓住两前肢系部或一前肢臂部，另一手抓住腹肋部膝前皱襞处，两手用力扳倒羊体，然后改抓两后肢系部，前后一起按住即可。

实训操作

- 牛（马）的二柱栏内保定。

项目二　病理剖解与病料采集技术

※ 学习目标

▶ 掌握畜禽的剖解方法。

▶ 掌握畜禽病料采集的方法。

▶ 了解畜禽病料的包装、保存和送检方法。

※ 学习重点

▶ 掌握猪、鸡的剖解方法。

▶ 掌握常用的畜禽病料的采集方法。

任务一　常见动物的病理剖解

·猪的剖解

▶ 打开腹腔及取出脏器。从猪剑状软骨后方沿腹壁正中线直切至耻骨的前缘；再从剑状软骨顺着左右肋软骨弓后缘至腰椎横突作弧形切线切透，腹腔即打开，腹腔脏器全部暴露。接着在横膈膜处双重结扎并切断食管、血管；在骨盆腔处双重结扎并切断直肠，边取边切断脊椎下的肠系膜韧带；然后，分离并作双重结扎，分别取下胃、十二指肠、回肠、空肠、盲肠和结肠、肝脏等，再于腰部脊柱下取出肾脏，锯开耻骨和坐骨，一并取出骨盆腔脏器、肛门和公畜阴茎。

▶ 打开胸腔，摘出胸腔脏器。先切除胸廓两侧的肌肉，再沿着左右两侧切断肋软骨和结合处，切断胸肌和胸膜，然后切断肋骨和胸椎的连接处，胸腔即打开。切开下颌皮肤和皮下脂肪，向后剥离颌下及颈下部的肌肉组织，暴露出支气管、食管，切断胸腔内的韧带，并切断舌骨，即可将舌、咽、喉、气管等连同心肺一起取出。

· 鸡的剖解

▶ 用水或消毒水浸湿羽毛，将鸡身呈背卧位摆放。切开两侧的大腿与腹壁相连处的皮肤与疏松结缔组织，用力按压两只大腿，使之脱臼。

▶ 打开胸、腹腔取出脏器，于胸骨末端的后腹部作一横切至两侧腰部，再作一直切至肛门，分离肛门；用剪刀剪断胸骨与肋骨的连接部，取出胸骨，打开胸腔，胸、腹腔脏器便显露出来。观察脏器位置、胸水和腹水的状况等，然后切断食管，将腺胃、肌胃、肝、脾、肠管及肛门一同取出。

▶ 用剪刀剪开喙角，打开口腔，切断舌骨，将舌、喉、食管、嗉囊、气管等从颈部剥离下来。用刀柄进行钝性分离，把肾、肺、心脏取出，将卵巢、输卵管（母鸡）或睾丸（公鸡）一起取出。

▶ 用骨剪剪开鼻腔，检查鼻腔及其内容物。

任务二　病料采集技术

· 病料采集器械准备

准备保温箱、酒精棉、干棉球、采血针管、抗凝管、采样袋、平皿、剪刀、镊子、胶布、封口膜、封条、冰袋、标签纸、签字笔、记号笔等。取样工具要洁净、干燥，做灭菌处理。

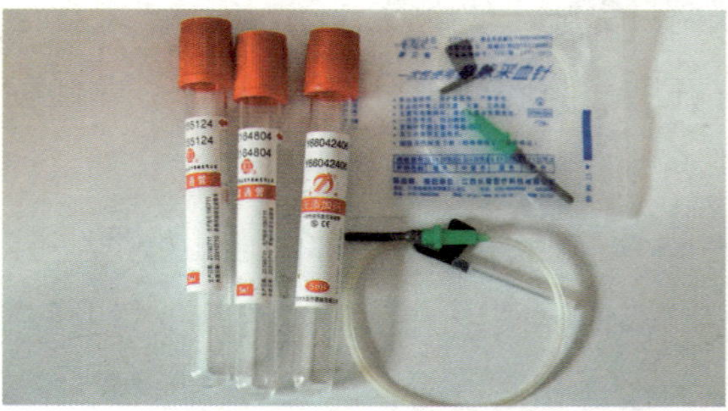

图 1-1 采血针管

· 器具的消毒

(1) 器具 采样刀、剪等器具用水冲洗干净后，煮沸消毒 15 分钟，晾干备用。

(2) 注射器和针头 一般使用一次性的针头和注射器。

· 血液样品的采集

采样部位

前腔静脉、耳静脉、颈静脉或尾静脉等。

采血方法

将采血部位皮肤剃毛（拔毛），用 1%—2% 碘酊消毒后，再用 75% 的酒精棉球由内向外螺旋式脱碘消毒，干燥后穿刺采血。采血可用采血器或真空采血管（不适合小静脉，适用于大静脉）。少量的血可用三棱针穿刺采集，将血液滴到开口的试管内。

1. 猪和兔耳缘静脉采血方法

按压，使猪耳静脉血管怒张，采样针头斜面朝上，呈 15° 角沿耳缘静脉由远心端向近心端刺入血管，有血液回流后放松按压，缓慢抽取血液或接入真空采血管。

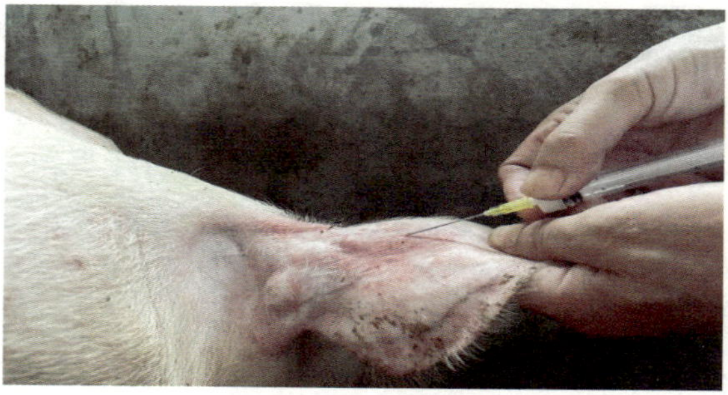

图 1-2 猪耳静脉采血

2. 牛尾静脉采血

将牛尾上提，在离尾根 10cm 左右的凹陷处，将采血器针头垂直刺入约 1cm，见有血液回流时，即可把针芯向外拉，使血液流入采血器或接入真空采血管。

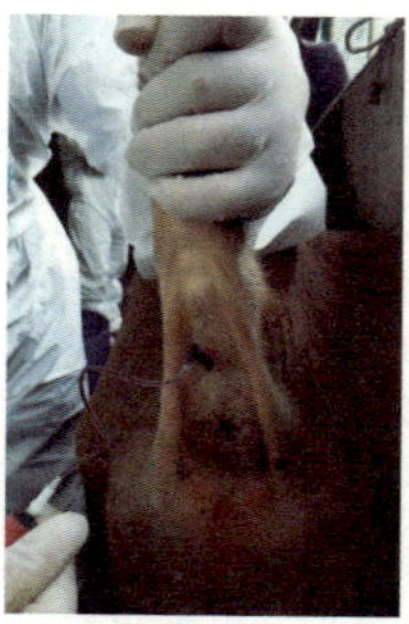

图 1-3 牛尾根静脉采血

3. 牛、羊、马颈静脉采血

在颈静脉沟下 1/3 处压迫颈静脉血管，使之怒张，针头与皮肤呈 45° 角由上方刺入血管，见有血液回流时，即可把针芯向外拉使血液流入采血器或接入真空采血管。

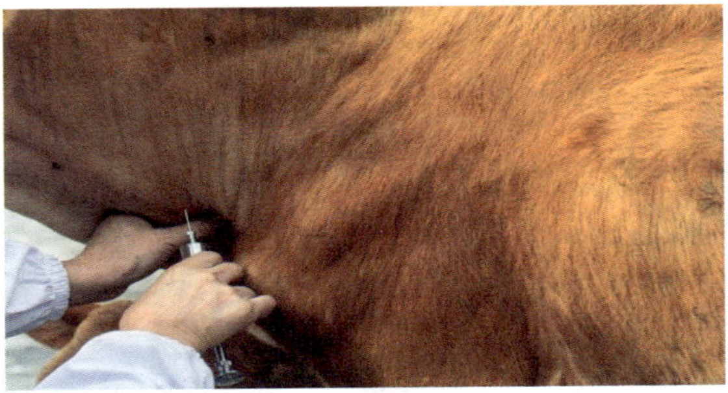

图 1-4 牛颈静脉采血

4. 禽翅下静脉采血

压迫翅下静脉近心端，使血管怒张，针头平行刺入静脉，放松对近心端的按压，缓慢抽取血液；或用针头刺破消毒过的翅静脉，将血液滴到直径为 3—4mm 的塑料管内，将一端封口。

图 1-5 禽翅下静脉采血

·组织样品的采集

1. 猪扁桃体样品采集方法

用猪开口器打开猪口腔，将采样枪的采样钩紧靠扁桃体，扣动扳机，取出扁桃体组织。

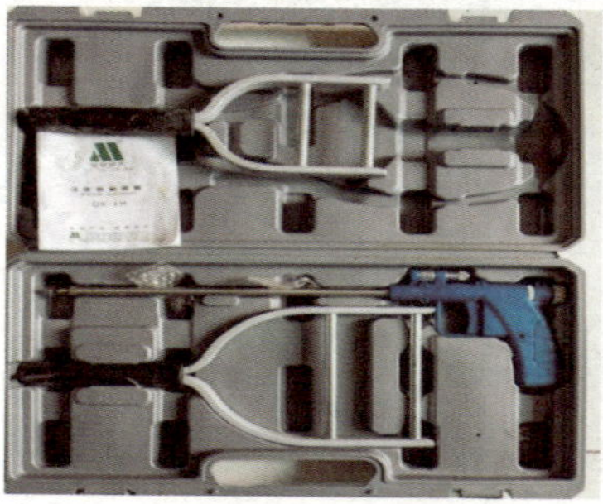

图 1-6 扁桃体采样设备

2. 猪鼻腔拭子和家禽咽喉拭子样品采集方法

将无菌棉签插入猪鼻腔 2—3cm 或家禽口腔至喉气管，轻轻擦拭并慢慢旋转 2—3 圈，蘸取鼻腔分泌物或气管分泌物。取出后，立即将拭子浸入保存液或半固体培养基中，密封低温保存。（保存液：30% 甘油磷酸盐缓冲液或 PBS 缓冲液）

3. 肛拭子样品采集方法

取无菌棉拭子插入畜禽肛门或泄殖腔中，旋转 2—3 圈，刮取直肠黏液或粪便，放入装有 30% 甘油磷酸盐缓冲液中。粪便样品通常在4℃以下保存和运输。

4. 皮肤组织及其附属物样品采集方法

对于发生水泡病或其他皮肤病变的疾病，应直接从病变部位采集病变皮肤的碎屑、未破裂水泡的水泡液、水泡皮等作为样品。

5. 皮肤组织样品采集方法

无菌采取2g感染的上皮组织或水泡皮，置于5mL的30%甘油磷酸盐缓冲液中送检。

6. 毛发或绒毛样品采集方法

直接拔取毛发或绒毛样品，以检查体表的螨虫、跳蚤和真菌感染。用解剖刀片边缘刮取的表层皮屑用于检查皮肤真菌，刮至轻微出血取得的为深层皮屑，可用于检查疥螨。

7. 水疱液样品采集方法

水疱液应取自未破裂的水泡。可用灭菌注射器或其他器具吸取水疱液，置于灭菌容器中送检。

8. 环境和饲料样品采集方法

采集垃圾、垫料或畜禽排泄的粪便、尿液。可用拭子在通风道、饲料槽和下水口处采样。

（a）

（b）

图 1-7 养禽场环境样品采集

·病料的包装、保存与送检

病料的包装

▶ 每个组织样品应仔细分别包装，在样品袋或平皿外贴上标签，注明样品名、样品编号和采样日期等，再将各个样品放到塑料包装袋中。

▶ 装有拭子样品的塑料离心管应放在规定的离心管架盒。

▶ 血清样品装于塑料离心管中，置于规定的离心管架盒。

▶ 包装袋外、离心管架盒应贴封条，封条上应有采样人签字或盖章，并注明贴封日期，标注放置方向。

病料的保存

采集的病料样品无法在12小时内送检的情况下，应根据不同的检验要求，将样品按所需温度分类保存于冰箱、冰柜中。

- 血清应于 –20℃冷冻保存，全血应于4℃中冷藏保存。
- 供细菌检验的样品应于4℃保存，或用灭菌后浓度为30%—50%的甘油生理盐水在4℃下保存。
- 供病毒检验的样品应在0℃以下低温保存，也可用灭菌后浓度为30%—50%的灭菌甘油生理盐水于0℃以下低温保存。长时间 –20℃冷冻保存不利于病毒分离。

采样记录填写

表1-1 样品采集登记表

样品名称			样品数量			
采样地址			被采样单位名称			
受检单位联系人			联系方式			
采样日期		存栏数		邮政编码		
样品编号	样品名称	动物日龄/品种		性别	免疫状况	备注
被采样单位负责人签字（盖章）： 年 月 日			采样人签字： （采样单位盖章） 年 月 日			

病料的送检

- 应以最快最直接的途径将所采集的样品送往实验室。
- 对于可在采集后 24 小时内送达实验室的样品，可放在 4℃左右的容器中冷藏运输；对于不能在 24 小时内送达实验室但不影响检验结果的样品，应以冷冻状态运送。
- 运输过程中，应避免样品泄漏。

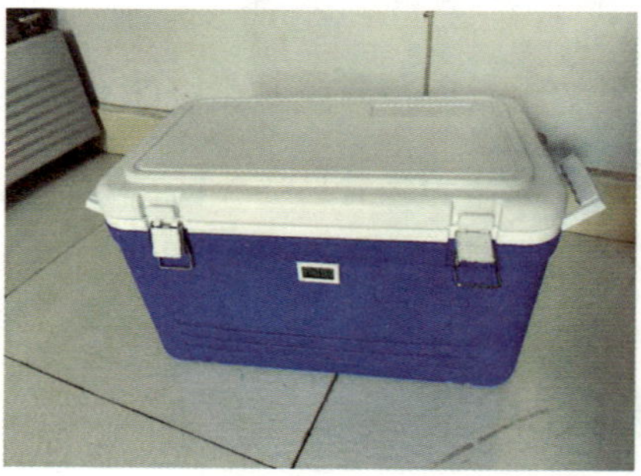

图 1-8 送样箱

实训操作

- 猪的剖解。
- 猪、牛、马、羊、鸡的静脉采血。

项目三　动物给药技术

※ 学习目标

▶ 了解畜禽常用的给药方法。

※ 学习重点

▶ 掌握猪、牛常用的给药方法。

任务　常见给药方法

· 混料给药

将药物混入饲料中，搅拌均匀，让动物在采食同时摄入药物。注意：混料给药时，药物必须均匀地混入饲料中。

· 混饮给药

将药物融入饮水中，让畜禽通过饮水摄入药物。可分自由混饮法、口渴混饮法两种给药方法。

· 灌服给药

适用于液体剂型的药物，如溶液剂、混悬剂，以及中草药的煎剂。灌服的药物一般应无太大的刺激性或异味，药量不宜太大。常用的灌药用具有灌角、橡皮瓶等。

· 口腔投药法

适合于片剂、丸剂或舔剂的给药。片剂、丸剂多采用徒手投服，必要时可使用投药枪投服，舔剂一般可用光滑的木板送服。

· 腹腔注射法

腹腔注射法是将药液注入腹腔内的一种给药方法。本法多用于中、小动物，如猪、犬、猫等。

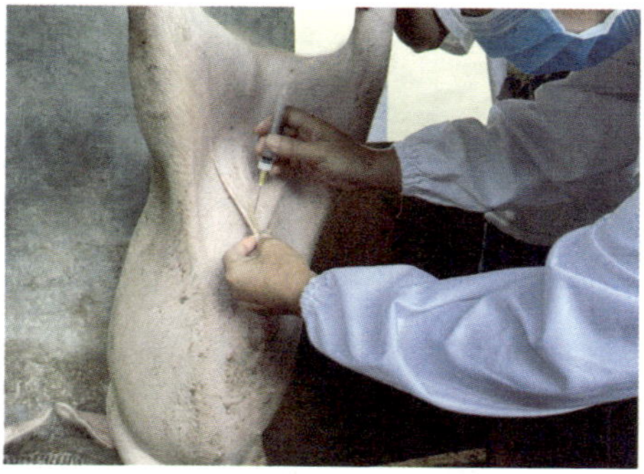

图 1-9 腹腔注射法

· 灌肠法

该法是将胶管的一端插入肛门中，另一端连接吊桶或漏斗，向吊桶或漏斗内灌温水或肥皂水，高举吊桶或漏斗，让液体自行流入直肠内 3—5cm 的一种给药和治疗方法。灌肠时要缓缓捻转插入。

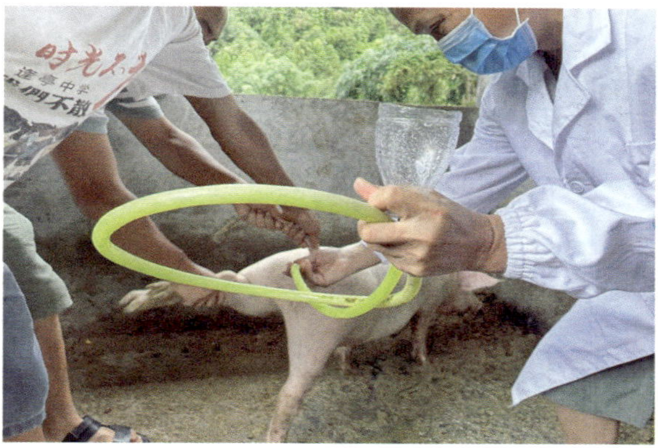

图 1-10 灌肠法

·乳房注入法

乳房注入法是将药液通过乳管注入乳池内的一种注射方法，它主要用于奶牛、奶山羊乳房炎的治疗。注药前应先挤净奶汁，注药后要充分按摩乳房，注药期间不要挤奶。

·静脉放血法

放血疗法是中兽医传统疗法之一。静脉放血在全病程仅放1次，大家畜多在颈静脉放血300—500mL，山羊、绵羊宜放200mL，猪、犬、兔多在耳静脉放血，分别放血150mL、100mL、30mL即可。

实训操作

- 牛、马灌服给药。
- 猪的腹腔、灌肠给药。

项目四　消毒药与消毒技术

※ 学习目标

- 了解消毒的定义和目的。
- 了解消毒的种类。
- 了解消毒液分类和常见的消毒液。
- 掌握常用的消毒方法
- 了解喷雾器的使用方法

※ 学习重点

- 掌握常用消毒液的使用方法。
- 掌握畜禽圈舍的消毒方法。
- 掌握病死动物的处理方法。

任务一　消毒的种类

消毒是指用物理、化学或生物的方法清除或杀灭动物体外病原微生物的过程。消毒的目的是切断传播途径，预防和控制传染病的发生与传播。

·物理消毒

机械消毒

1. 清扫

用清扫工具清除圈舍、场地、道路等处的粪便、垫料、剩余饲料、尘土、各种废弃物等污物。清扫前要喷洒清水或消毒液，避免病原微生物随尘土飞扬。应按棚顶、墙壁、地面的顺序，先扫圈舍内，后扫圈舍外。清扫要全面彻底，不留死角。

2. 洗刷

用清水或消毒液对地面、墙壁、饲槽、水槽、用具或动物体表等进行洗刷，或用高压水龙头冲洗。冲洗要全面彻底。

3. 通风

一般采取开启门窗、天窗、换气扇等方法进行通风。

4. 过滤

在动物圈舍的门窗、通风口处安装粉尘或微生物过滤网，阻止粉尘或病原微生物进入圈舍内，达到防止动物感染疫病的作用。

湿热消毒

1. 蒸煮消毒

煮沸消毒是将要消毒的物品放入煮沸的消毒器内进行的消毒，该方法适用于金属物注射器、注射针头及木质或玻璃用具、衣物等。蒸汽消毒与煮沸消毒的效果相似，在农村，可用铁锅和蒸笼进行。

2. 高压灭菌

应用高压灭菌设备进行，于 121℃灭菌 30 分钟。

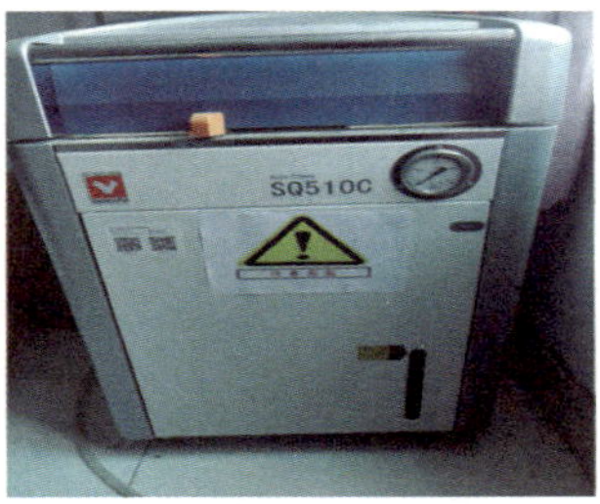

图 1-11 高压蒸汽消毒器

焚烧消毒

将要消毒的物品堆成堆后直接点燃，或者送入焚烧炉。

火焰消毒

将要消毒的物品用火焰直接烧灼，以杀死病原微生物。

小提示

- 消毒中要注意安全，防止发生火灾。
- 消毒时要按顺序进行，以免发生遗漏。
- 对金属栏和笼具等金属物品进行火焰消毒时不要喷烧过久，以免烧坏。

阳光、紫外线消毒

阳光曝晒可杀死一般病毒和非芽孢性病原菌，紫外线消毒主要用于实验室的消毒。

·化学消毒

化学消毒为用化学消毒剂进行的消毒。

洗刷

用刷子蘸取消毒液进行刷洗，常用于饲槽、饮水槽等设备和用具的消毒。

浸泡

将需要消毒的物品浸泡在一定浓度的消毒药液中，浸泡一定时间后拿出来。如将食槽、饮水器等各种器具浸泡在 0.5%—1% 新洁尔灭中消毒。

喷洒

- 根据消毒对象和消毒目的，配制消毒药。
- 清扫消毒对象。
- 检查喷雾器或喷壶，确保其完好方能使用。

图 1-12 手动喷雾器

图 1-13 电动喷雾器

- 加消毒药喷洒消毒。按照“从里到外、从上至下”的顺序喷洒，边喷边退，从里至外逐渐退至门口。
- 喷洒结束后，倒出剩余消毒液，再用清水洗净设备，防止腐蚀，冲洗干净后擦干，保存于干燥通风处，以备下次使用。

图 1-14 对进出车辆进行喷洒消毒

图 1-15 对活禽交易市场进行喷洒消毒

熏蒸

将福尔马林与高锰酸钾配合，进行熏蒸消毒。此方法消毒全面，节省劳力，工作效率较高，消毒前要进行圈舍密闭，消毒后圈舍不能立即使用。

▶ 配制消毒药物。根据消毒空间大小和目的准备消毒药品。

▶ 清扫消毒场所，紧闭门窗、排气孔。

▶ 按照消毒面积大小放置消毒药品，熏蒸消毒。应注意使用的容器须是耐燃烧的，通常用陶瓷或搪瓷制品。

▶ 熏蒸完毕后，通风换气。

拌和

主要用于对粪便、垃圾等污染物进行消毒。

▶ 称量或估算消毒对象的重量，计算消毒药品的用量，称量取出所需药品。

▶ 按照有关要求，选择消毒对象的堆放地址。

▶ 将消毒药与消毒对象均匀搅拌，完成后堆放一定的时间，以达到消毒目的。

撒布

撒布是将粉剂的消毒药品均匀地撒在消毒对象表面的消毒方法。比如将生石灰撒在阴湿地面、粪池周围及粪沟等处，以达到消毒的目的。

图 1-16 撒布生石灰

擦拭

用毛巾、棉签或棉球、毛刷等蘸取消毒液，擦拭物体表面或畜禽、人的体表进行消毒。如用棉签蘸取酒精或碘伏消毒手术部位。

·生物消毒

将污染的粪便、垃圾等进行堆积，利用微生物发酵产热，杀死病原体（芽孢除外）、寄生虫卵等。

图 1-17 粪便堆集发酵

任务二 常用消毒剂的使用

·碱类

（1）氢氧化钠（苛性钠、烧碱） 能杀灭细菌、病毒和寄生虫卵，常配成 1%—2% 的热水溶液消毒被污染的畜舍、地面和用具等。因本品对金属有腐蚀性，消毒后要冲洗干净。消毒畜舍时，应先驱出动物，消毒后要空置半天，再以水冲洗饲槽、地面，方可让动物进圈。

（2）石灰乳 生石灰 1 份加水 1 份制成熟石灰，然后用水配成 10%—20% 的石灰水溶液用于消毒。它适于粉刷墙壁、圈栏，消毒地面、沟渠和粪尿等。

小提示

生石灰 1kg 加水 350mL 化成的粉末，撒布在阴湿地面、粪池周围等处，也可达到消毒目的。

· 卤素类

（1）漂白粉　5% 的漂白粉溶液可杀死一般性病原菌，10%—20% 溶液可杀死芽孢。该溶液适用于畜舍、地面、水沟、粪便、运输车船等的消毒。不适用于金属及纺织品的消毒。消毒后要及时通风，防止畜禽中毒。

（2）二氯异氰尿酸钠消毒灵　新型广谱高效安全消毒剂，以 1:200 或 1:100 水溶液可用于喷洒畜舍地面和笼具等消毒，1:400 用于浸泡消毒种蛋、器皿等。对细菌、病毒均有显著的杀灭效果。

（3）三氯异氰尿酸钠　该药的性质和特点与二氯异氰尿酸钠相似，但消毒效果优于前者。饮水消毒用量为 4—6mg/L，喷洒消毒用量为 200—400mg/L，熏蒸消毒用量为 5mg/m^3，加热熏蒸。

·醇类

酒精 常用的皮肤消毒剂，浓度为75%，常与碘酊合用。能杀死一般细菌，但对芽孢无效，对病毒也无显著效果。

·表面活性剂

（1）新洁尔灭、洗必泰、消毒净、度米芬 毒性低、无腐蚀性、性质稳定、能长期保存、消毒对象范围广、效力强、速度快，对一般病原细菌均有强大杀灭效能。上述消毒剂的0.1%水溶液浸泡金属器械（需加0.5%亚硝酸钠以防锈）、玻璃器皿、搪瓷器皿、衣物、敷料、橡胶制品，用新洁尔灭需经30分钟，其余3种消毒剂经10分钟即可达消毒目的。皮肤消毒可用0.1%新洁尔灭溶液或消毒净溶液，也可用0.02%—0.05%洗必泰、消毒净或度米芬的醇（70%）溶液，消毒皮肤的效果与碘酊相等。0.01%—0.02%洗必泰可用于伤口或黏膜的冲洗消毒。

使用上述消毒剂时，应注意避免与肥皂或碱类物质接触。

(2) **双链季铵盐**　对细菌有强杀灭作用，但对病毒的杀灭作用较弱。目前，此类消毒药市场上较多，如百毒杀等。

· 醛类

(1) **戊二醛**　常用 2% 溶液。其杀菌力比甲醛更强，为快速、高效、广谱消毒剂，性稳定。2% 溶液对病毒作用很强，两分钟内可使肠道病毒灭活。市面上常用的有戊二醛奎甲溴铵溶液。

(2) **甲醛**　用于空置圈舍的熏蒸消毒。

· 酚类

菌毒敌　原名农乐，为一种复合酚消毒剂，杀灭细菌、病毒效果好，使用安全，可喷洒或熏蒸消毒，喷洒时用 1:100—1:200 稀释液，熏蒸按 2g/m^3 用量配制。

任务三　常用的消毒方法

·皮肤黏膜消毒

用脱脂棉球浸湿 0.1％的新洁尔灭消毒药液，在猪、鸡体表皮肤、黏膜、伤口等处进行涂擦；用碘酊、酒精棉球涂擦消毒部位；用 0.01%—0.02% 洗必泰对伤口或黏膜冲洗消毒。

·畜禽体表消毒

选用杀菌作用强且对畜禽无害的药物，常用菌毒灭、1% 新洁尔灭、0.1% 过氧乙酸溶液进行畜禽体表喷雾消毒。

·场地、通道、圈舍、笼具消毒

1. 清扫

先喷洒清水或消毒液，再清扫畜禽圈舍、场地、环境、道路等处的粪便、垫料、剩余饲料、尘土、各种废弃物等污物。

2. 洗刷

用清水或消毒溶液对地面、墙壁、饲槽、水槽、用具等进行洗刷。冲洗要全面彻底。

3. 煮沸

用煮沸消毒的方法对各种金属、木质、玻璃用具及衣物等进行消毒。

4. 浸泡

将食槽、饮水器等各种器具浸泡在0.5%—1%的新洁尔灭溶液中消毒。

5. 喷洒

用喷雾器喷洒消毒药水，对畜舍、墙面、地面、道路等进行喷洒消毒。

6. 撒布

将粉剂型消毒药品均匀地撒布在消毒对象表面，如用石灰撒布在阴湿地面、粪池周围及污水沟等处进行消毒。

· 粪污及病死动物消毒处理

粪污处理

(1) 自然干燥法 将畜禽粪污放在地上，通过太阳暴晒自然干燥。但此法适用于畜禽散养户，不适合于大型养殖场的畜禽粪便处理。

（2）自然发酵法 将畜禽粪便放入发酵池，用秸秆将表面覆盖，达到发酵效果。

（3）快速烘干法 将粪污直接烘干灭菌。

（4）沼气发酵法 对粪污进行厌氧发酵处理。

病死动物处理

1. 尸体的运送

运送尸体前，应穿戴工作服、口罩、护目镜、胶鞋及手套。尸体要用密闭、不泄漏、不透水的容器包裹，并用车厢和车底均不透水的车辆运送。装车前，应将尸体的各天然孔用蘸有消毒液的湿纱布、湿棉花严密填塞，小动物和禽类可用塑料袋盛装，以免流出粪便、分泌物、血液等污染周围环境。在尸体躺过的地方，应用消毒液喷洒消毒，如为土壤地面，应铲去表层土，连同尸体一起运走。运送过尸体的用具、车辆应严格消毒，工作人员用过的手套、衣物及胶鞋等亦应进行消毒。

2. 处理尸体的方法

（1）深埋法

- 地点：选择远离居民区、水源、泄洪区、草原及交通要道，不影响农业生产，避开公共视野的地方。

▶ 挖坑：坑的长度和宽度以能容纳侧卧之尸体为限，坑深不得少于 2m。

▶ 掩埋：坑底铺以 2—5cm 厚的生石灰或漂白粉，将尸体放入，使之侧卧，并将污染的土层、捆尸体的绳子一起丢进坑内，然后再铺 2—5cm 厚的石灰，用土覆盖，覆盖土层厚度应不少于 1.5m，尸体掩埋后，覆土与周围持平，填土不要太实。

（2）焚烧法　可用焚烧炉焚烧尸体，也可挖掘焚尸坑焚尸。

知识加油站

背负式喷雾器的使用方法

●认真阅读使用说明书，正确安装零部件，先装清水试喷，检查是否漏气或有故障，然后再装药剂。

●使用时先加药剂后加水，药液不要超过安全线，喷药前先扳动摇杆几次，使桶内气压上升到工作压力。

●初次装药时，气室内有清水，喷雾开始的前 2 分钟药液浓度低，要补喷。

●工作完毕要及时倒出残留的药液，并用清水将喷雾器清洗干净，查看气室内有无积水，如有水，要拆下水接头，放出积水。

●如短期内不使用喷雾器，要拆开零部件清洗干净，并擦干装好，存在于干燥阴凉处，金属部件如长期不用，要涂上黄油，以防生锈。

实训操作

- 消毒液的配制。
- 畜禽圈舍消毒。

项目五　免疫技术

※ 学习目标

- 了解疫苗的概念。
- 了解免疫接种的目的。
- 了解各种疫病的疫苗。
- 掌握识别疫苗有效期、失效期的方法。
- 掌握疫苗的运输与保存方法。
- 掌握畜禽疫苗的接种方法。

※ 学习重点

- 掌握常见畜禽疫病的疫苗名称。
- 掌握疫苗的使用方法。
- 掌握猪、牛、羊、鸡常用疫苗的接种操作。

任务一　疫苗基础知识

·疫苗的概念

由病原微生物、寄生虫以及其组分或代谢产物制成的，使畜禽机体产生主动免疫的生物制品，称为疫苗。

・预防接种的目的

使动物产生抵抗特定病原微生物（或寄生虫）感染的免疫力，从而预防相关疫病的发生。

・疫苗的分类

（1）常规疫苗　活疫苗、灭活疫苗、类毒素等。目前常用的疫苗有弱毒疫苗和灭活疫苗。

（2）新型疫苗　有亚单位疫苗、基因工程疫苗、合成肽疫苗、核酸疫苗。

・疫苗的有效期、失效期、批准文号

有效期

疫苗的有效期是指在规定的贮藏条件下能够保持质量的期限。

失效期

疫苗的失效期是指疫苗超过安全有效范围的日期。如标明失效期为 2007 年 7 月 1 日，表示该批疫苗可使用到 2007 年 6 月 30 日，从 2007 年 7 月 1 日起失效。

批准文号

疫苗批准文号的编制格式为：疫苗类别名称 + 年号 + 企业所在地省份 (自治区、直辖市) 序号 + 企业序号 + 疫苗品种编号。

疫苗的有效期和失效期虽然在表示方法上有些不同，但任何疫苗超过有效期或达到失效期，均不能再销售和使用。使用疫苗前要看清有效期和失效期。要使用正规厂家生产的疫苗。

任务二　疫苗的保存与运输

·疫苗的保存

1. 阅读疫苗使用说明书

掌握疫苗的保存条件，严格按照疫苗说明书规定的条件保存。

2. 选择保存的条件

（1）选择保存的设备　根据不同品种疫苗的保存要求，选择相应的保存设备，如低温冰柜、电冰箱、液氮罐、冷藏柜等。

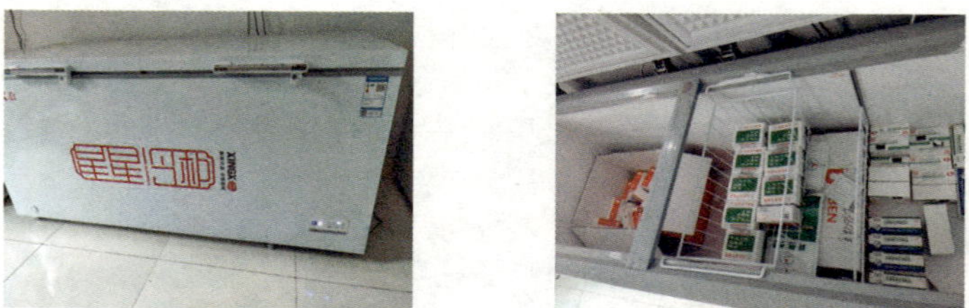

（a）　　（b）

图 1-18 低温冰柜

（a）　　（b）

图 1-19 冷藏冰箱、冷库

（2）设置保存的温度 不同的疫苗要求不同的保存温度。

▸ 活疫苗。一般要求在 –15℃条件下保存。

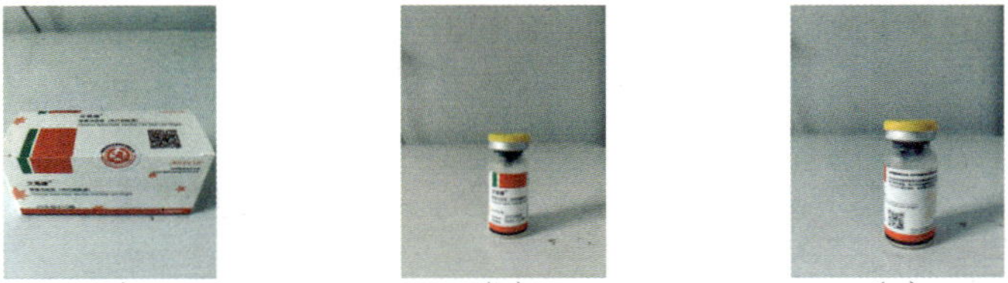

（a）　（b）　（c）

图 1-20 猪瘟活疫苗，–15℃以下温度保存

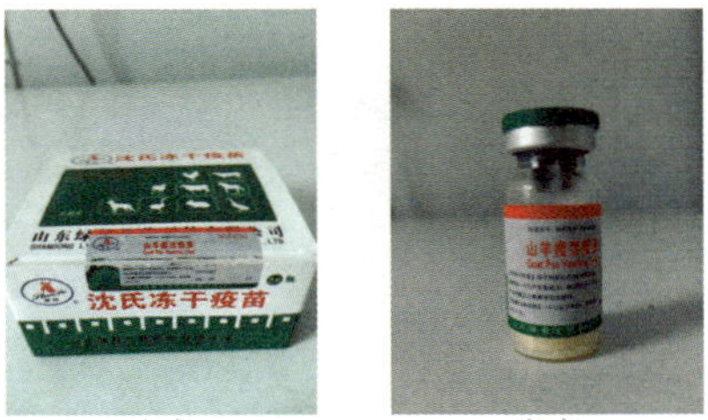

（a）　（b）

图 1-21 山羊痘活疫苗，–15℃以下温度保存

▸ 灭活疫苗。一般要求在 2—8℃条件下保存，不能低于 0℃，更不能冻结，否则疫苗将失去效果。

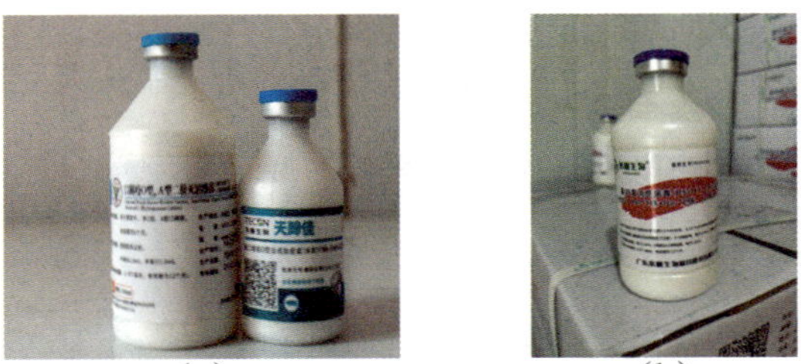

（a）　（b）

图 1-22 牛 / 羊口蹄疫疫苗、禽流感疫苗 2—8℃下保存

▸ 细胞结合型疫苗。如马立克氏病血清Ⅰ型、Ⅱ型疫苗等必须在液氮中（–196℃）保存。

（3）避光、防止潮湿 所有疫苗都应保存在冷暗、干燥处，避免阳光直射和受潮。

3. 分类存放

按疫苗的品种和有效期分类存放。超过有效期的疫苗，必须及时清除并销毁。

·疫苗的运输

1. 包装

妥善包装，预防运输途中受损坏。

2. 保温

▸ 冻干活疫苗。运输少量疫苗时，将疫苗装入保温箱，加入适量冰块，进行包装后方能运输；运输大量疫苗，则采用冷藏车运输。

▸ 灭活疫苗。应在2—8℃的温度下运输。夏季运输要采取降温措施；冬季运输要采取防冻措施，避免冻结。

▸ 细胞结合型疫苗。马立克氏病血清Ⅰ型、Ⅱ型疫苗必须用液氮罐冷冻运输。运输过程中，要随时检查温度，并尽快运达目的地。

3. 运输疫苗的注意事项

- 严格按照疫苗运输温度要求进行运输。
- 尽快运输。
- 运输过程中，必须避免日光暴晒。

任务三　免疫接种的操作方法

· 免疫接种的类型

预防接种

为避免健康动物感染疫病而进行的免疫接种，称为预防接种。

紧急接种

发生传染病时，对疫区和受威胁区尚未发病的动物进行的紧急免疫接种。

临时接种

引进和运出畜禽时进行的预防免疫接种。

·免疫接种的准备

消毒器械

1. 冲洗

将注射器、点眼滴管、刺种针等接种用具先用清水冲洗干净。

2. 消毒

（1）金属注射器 首先拧松活塞调节螺丝，旋松并抽出活塞，取出玻璃管，用纱布包好，放入煮沸消毒器中煮沸消毒。

（2）玻璃注射器 将活塞抽出，每一套注射器各用一个纱布包裹，消毒针头时，将针头插在纱布上，放入高压锅中进行煮沸消毒或高压灭菌消毒。

注意事项

- 器械清洗一定要保证清洗的洁净度。
- 煮沸消毒的器械应当日使用，超期后，需重新消毒方能使用。灭菌后的器械 1 周内不用，下次使用前应重新消毒灭菌。
- 禁止使用化学药品消毒。
- 使用一次性无菌塑料注射器时，要检查包装是否完好、是否在有效期内。

▶ 金属注射器不能用高压消毒或干热消毒，因为其中的橡皮圈及垫圈易变质。

注射器的安装与调试

（1）金属注射器 把玻璃管放入金属套筒内，插上活塞，挤紧套筒、玻璃筒，固定螺丝，旋转活塞，调节手柄，使松紧适度。抽取清洁水，用左食指压住药液筒出口，拇指和其余三指握住金属套筒，右手轻拉手柄至一定距离，（感到有一定阻力）松开手柄后，活塞能恢复到原位，表示各处结合紧密，不会漏水，方可使用。如推拉手柄无阻力，松开手柄，活塞不能恢复到原位，则表示结合不紧密，应检查螺丝是否拧紧或活塞是否太松，经调节后再抽试，直到合格为止。

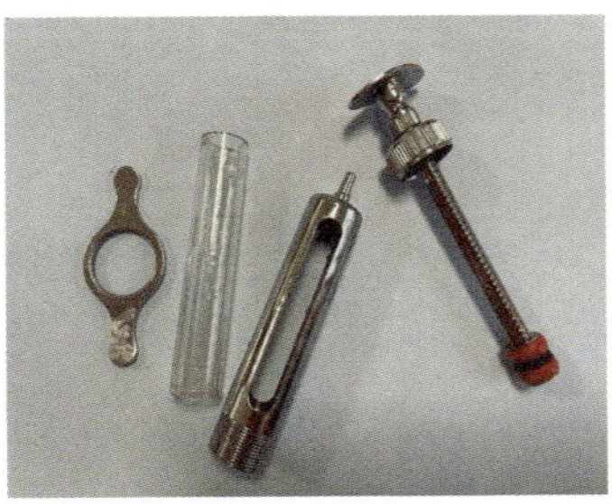

图 1-23 金属注射器

（2）玻璃注射器 玻璃注射器由活塞和外套组成，

将活塞套入外套中即可使用。

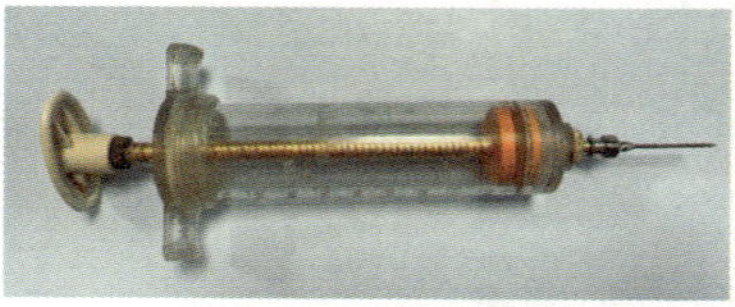

图 1-24 玻璃注射器

(3) 连续注射器 根据需要调整剂量，用螺栓锁定。药剂导管插入药物容器内，同时容器瓶内再插入一根进空气用的针头，使容器与外界相通，避免容器产生负压，针头朝上连续推动活塞，排出注射器内的空气至药剂充满玻璃管即可开始注射。注射过程中要经常检查玻璃管内是否存有空气，有空气要立即排空，否则会影响注射剂量。

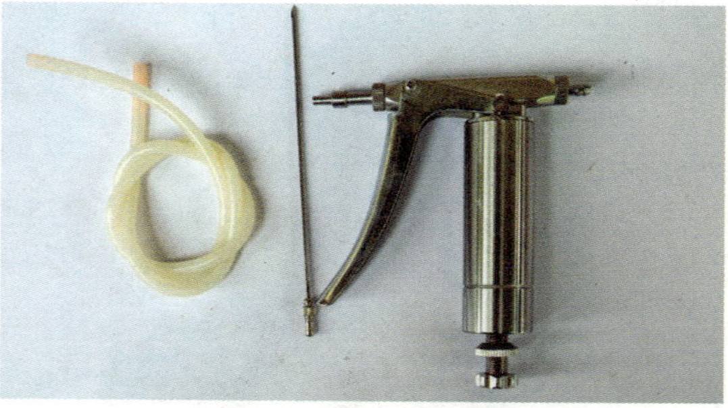

图 1-25 兽用连续注射器

人员消毒和防护

（1）消毒 免疫接种人员要剪短手指甲，用肥皂、消毒液洗手，再用 75% 的酒精消毒手指。

(2) 个人防护 穿工作服、胶靴，戴橡胶手套、口罩、帽子等。

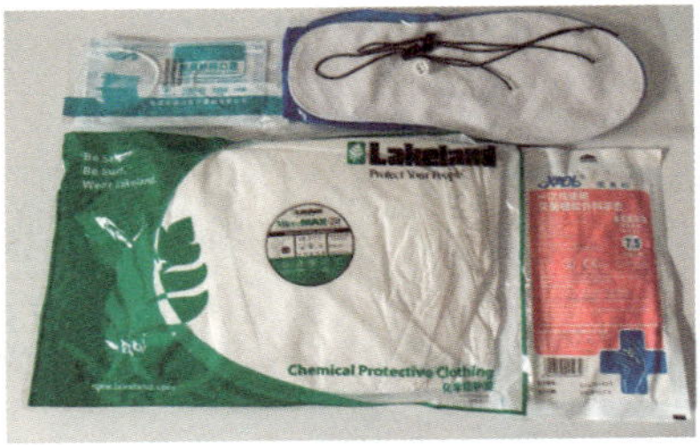

图 1-26 防护服、手套、鞋套等

注意事项

▶ 在消毒液中洗手时要避免皮肤受损害。

▶ 在进行气雾免疫和布鲁氏菌病免疫时应戴护目镜。

检查待接种动物健康状况

▶ 检查动物的精神、食欲、体温，不正常的不接种或暂缓接种。

图 1-27 检查动物健康状况

▸ 检查动物是否发病，是否瘦弱，发病、瘦弱的动物不接种或暂缓接种。

▸ 检查是否存在幼小的、年老的、怀孕后期的动物，这些动物应不予接种或暂缓接种。

▸ 对上述动物进行登记，以便以后补种。

检查疫苗外观质量

检查疫苗外观，凡疫苗瓶破损，瓶盖、瓶塞密封不好或松动，无标签或标签缺少疫苗名称、批准文号、生产批号、生产日期、有效期、生产厂家等某一内容，超过有效期，内容物颜色改变、发生沉淀、有异物、霉变、有摇不散凝块、有异味，无真空等，一律不得使用。

详细阅读使用说明书

仔细阅读使用说明书，了解疫苗的用途、用法、用量和注意事项等。

预温疫苗

疫苗使用前，应该从冷藏箱中取出，置于室温（15—25℃），以平衡疫苗温度。

稀释疫苗

▸ 用规定的稀释液或注射用水、生理盐水，按规定的稀释倍数和稀释方法稀释疫苗。

▸ 稀释时，先拔开稀释液和疫苗瓶密封盖中间部分的铝盖。

▸ 用酒精棉球消毒剩余部分的瓶盖和裸露的瓶塞。

▸ 用注射器抽取稀释液，注入疫苗瓶中，摇动，使其完全溶解。

▸ 补充稀释液至规定量。

若原疫苗瓶装不下，可换另一个已消毒的大瓶来进行稀释。

吸取疫苗

▸ 轻摇瓶身，让疫苗混合均匀。

▸ 排净注射器、针头内的水分和空气。

▸ 用 75% 酒精棉球消毒疫苗瓶瓶塞。

▸ 将注射器针头刺入疫苗瓶液体内，吸取疫苗。

・免疫接种方法

皮下注射法

▶ 注射部位。牛、马在颈侧，猪在耳根后或股内侧，家禽在颈背部。

▶ 根据药量多少选用适宜的注射器和针头。

▶ 将畜禽适当保定，局部剪毛消毒。一手捏起注射部位的皮肤呈一条褶皱，一手持连有针头的注射器，由褶皱近基部处刺入。一般刺入 2—3cm（如针头刺入皮下则可较自由地拨动），注入需要量的药液后，拔出针头，局部消毒。

▶ 必要时，注射后可对局部进行短时间按摩，以促进药液吸收。

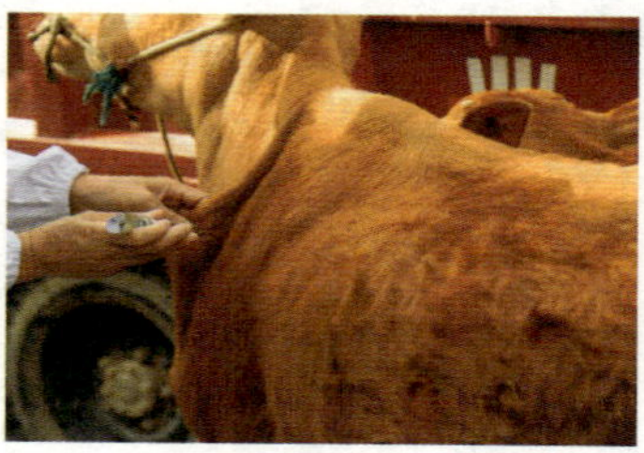

图 1-28 牛皮下注射

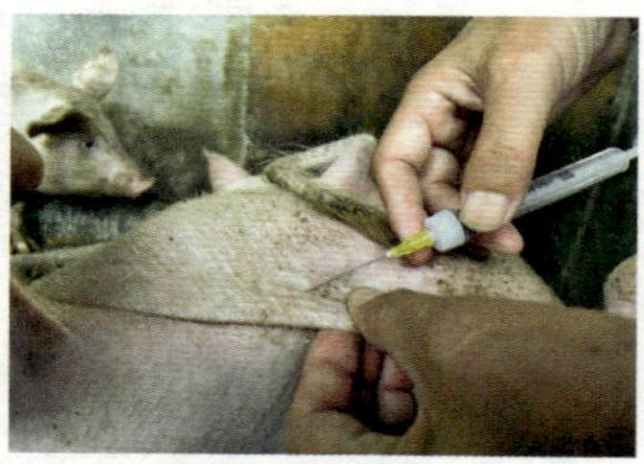

图 1-29 猪皮下注射

肌肉注射

（1）注射部位 选择肌肉丰满处，应避开大血管及神经。牛、马多在颈侧、臀部，猪在颈中部、耳后、臀部或股内侧，家禽在胸部。

（2）注射方法 选择适宜的注射器和针头。注射部位剪毛消毒。一手固定注射部位，一手持连有针头的注射器，使与皮肤成垂直角度，迅速刺入肌肉 2—4cm，注入药液。如药液量多，注射器较大时，则可在刺入针头后，用之前固定注射部位的手推动活塞以注入药液。注射完毕后，拔出针头，消毒局部并加以按摩吸收。

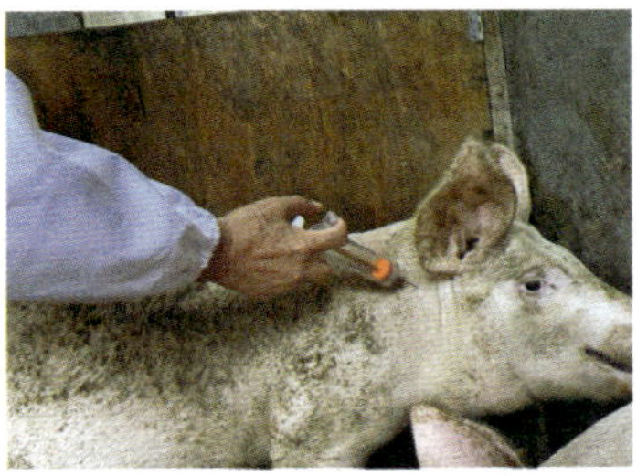

图 1-30 猪肌肉注射

滴鼻、点眼

（1）适用范围 多用于雏鸡。

（2）部位 鼻孔和眼结膜。

（3）剂量 稀释剂一般每 500 羽份用 15—20mL 蒸馏水或生理盐水为宜。

（4）方法 用消毒好的滴管吸取疫苗液，向鼻内或眼内滴入一滴（约 0.03mL），滴鼻时为使疫苗更好地吸入，可用手将对侧鼻孔堵住，待疫苗吸入鼻孔后再放开，滴眼时需看到滴进的疫苗在眼内一闪即消失。

图 1-31 鸡点眼

（5）注意事项 免疫前后五天，不得进行饮水消毒和圈舍带禽消毒，更不得使用抗病毒和抗菌药物。

刺种

（1）适用范围 家禽（一般用于鸡痘疫苗的免疫接种）。

（2）接种部位 禽翅内三角区无血管处。

（3）方法 左手抓住鸡的一只翅膀，右手持刺种针插入疫苗瓶中，蘸取稀释的疫苗液，在翅膀内侧无血管处刺针。拔出刺种针，稍停片刻，待疫苗被吸收后，将鸡轻轻放开。再将刺针插入疫苗瓶中，蘸取疫苗，准备下次刺种。

图 1-32 鸡翅下接种

图 1-33 鸡刺种

实训操作

- 免疫接种器械消毒。
- 稀释疫苗。
- 猪、牛皮下、肌肉注射接种。
- 鸡滴鼻、点眼、刺种接种。

项目六　动物去势技术

※ 学习目标

▶ 了解术部消毒、止血、缝合，新鲜创口、化脓创、肉芽创的处理等一般外科基础知识。

▶ 掌握猪的去势方法。

※ 学习重点

▶ 掌握公、母猪的去势方法。

任务一　外科基础知识

·消毒

▶ 术部消毒时，先剪毛或剃毛，用肥皂水洗刷干净，再用碘酊从中心向外周旋转涂布，5 分钟后用 75% 的酒精脱碘。

▶ 术者手臂消毒时，先用肥皂水洗刷 5 分钟，清水冲洗后用碘酊涂布 5 分钟，手用 75% 的酒精脱碘。

· 止血

（1）压迫止血 用手或者纱布按压住出血部位，可作为临时止血措施，随后再适当处理。

（2）填塞止血 对大面积出血的较深的创伤，可用灭菌纱布块填塞在出血腔内进行止血。

（3）钳夹止血 用止血钳夹住出血血管断的一端数分钟或扭转 1—2 周，轻轻去钳，可以止血。

（4）带压止血 当四肢有大量出血的创伤时，可用止血带、橡胶带或一般的布条、毛巾等，在出血部位的上方紧扎，以达到临时止血的目的。

（5）结扎止血 对于较大血管的出血，可用止血钳夹住血管的断端，并用缝合线结扎。

（6）全身止血 在出血范围广、出血量多时，可配合采用全身止血法。如肌肉注射维生素 K 注射液、酚磺乙胺注射液等。

· 缝合

（1）结节缝合 从创口一侧创缘进针，到创底，再从另一侧创缘出针，打结，每缝一针打一个结，直到缝完创口。

（2）连续缝合 是从创缘一端开始，第一针打结后，连续地进行缝合，直到全部缝完，最后结节缝合。

缝合时需要注意，整个过程要无菌操作，创缘要对齐、平整，缝合时皮肤不得内翻，内脏不得外翻，各进针点要整齐，距离适当。

·新鲜创口的处理

（1）创伤止血 可用局部止血和全身性止血药止血。

（2）创围清洗和消毒 用灭菌纱布覆盖创口，剪去创围被毛，用肥皂水清洗，然后用碘酊消毒。

（3）清洁创腔 用器械去除创内异物，用生理盐水等反复冲洗，使创腔干净。

（4）修整创伤 对创内的坏死组织以及不利于创伤愈合的组织进行修整，并再次用生理盐水等冲洗。

（5）创伤的缝合与包扎 有的创伤可缝合，有的不宜缝合，需视情况而定。对创面平整、创缘整齐的创伤，经过一定处理后，可密闭缝合；对于有肿胀且可能感染的创伤，可部分缝合，在创口下方留排液孔；对于组织损伤严重及不易缝合的创伤，可进行开放疗法。对密闭缝合的，要进行包扎，其他的创伤可包扎，也可不包扎。如果在严冬季节或是易感染的部位，无论何种创伤都应考虑到包扎的问题。

·化脓创的处理

（1）创围的清洗与消毒　参照新鲜创口的处理办法。

（2）清洁创面与处理创腔　可用3%双氧水冲洗创面，再用生理盐水彻底清洗，除去创内坏死组织及异物，再用生理盐水清洗。

（3）创伤用药　可用高渗液（10%氯化钠、10%水杨酸钠等），也可在创腔内撒上青霉素粉，起到消炎、制止脓液吸收的作用。

（4）创伤引流　对于较深的创伤，可用纱布条浸高渗液或防腐液后，填塞进创腔内，并使纱布条的一端游离于创口外，以利于创液、脓液的排出。

·肉芽创的处理

肉芽创是指组织处于新生修复期的创伤，处理时，应以保护肉芽，促进肉芽生长并防止肉芽赘生为原则。

（1）创围清洗与消毒 同新鲜创。

（2）清洁创面 可用生理盐水清洗，然后涂上消炎、保护肉芽的软膏（如10%磺胺鱼肝油、磺胺软膏、青霉素软膏等），不要用防腐液清洗，也忌强力粗暴处理，以免损害肉芽。

任务二 仔猪的阉割

·小公猪的阉割

幼龄公猪1—2月龄、体重5—10kg为适宜阉割时期。传染病流行期和阴囊、睾丸有炎症时可暂缓阉割。

（1）保定 采用左侧卧保定法。术者在背向，用左脚踩住颈部，右脚踩住尾部。

（2）术式 术者用左手腕部按压猪右后肢股后，使该肢向上紧靠腹壁，以充分显露两侧睾丸。用左手中指、食指和拇指捏住阴囊颈部，把睾丸推挤入阴囊底部，使阴囊皮肤紧张，将睾丸固定。右手持刀，在阴囊缝际两侧 1—1.5cm 处平行缝际切开阴囊皮肤和总鞘膜，显露出睾丸。左手握住睾丸，食指和拇指捏住阴囊韧带与附睾尾连接部，剪断或用手撕断附睾尾韧带，向上撕开睾丸系膜。左手把韧带和总鞘膜推向腹壁，充分显露精索后，用捋断法去掉或用手术刀切除睾丸，然后按同样的操作方法去掉另一侧睾丸。切口部碘酊消毒，切口不缝合。

· 小母猪的阉割

（1）保定　右侧卧保定，术者在猪背侧，右脚踩在猪的颈部，并将其左后肢向后伸直，使小猪后躯呈半仰卧姿势，用左脚踩住小猪的左后肢，也可由另一人固定小猪的左右肢，使皮肤绷紧，即可施术。

（2）术部　在左腹下部左侧倒数第二、第三对乳头之间的外缘，距离左侧乳头约 1—2cm。

（3）术式　术部消毒后，将皮肤稍向侧方牵引，术者以左手拇指用力按压在术部的稍外侧。先用刀尖将术部皮肤切开 1cm 左右，然后用刀柄借小猪嚎叫，腹压升高之时适当用力透破腹肌和腹膜，继续深入切口约 2—3cm，用右手提刀柄，并借左手手指的压力，使子宫角冒出。子宫角冒出后，用左手食指和其余三指背面用力压迫切口边缘的左侧腹壁，左手拇指将子宫角压在食指上面，在右手的协助下，用左拇指频频捻导，先导出一侧子宫后，捻转或钝性挫灭，随即摘除子宫角、卵巢及输卵管。最后在创口涂以碘酊，并轻轻提起猪的左后肢，完成手术。

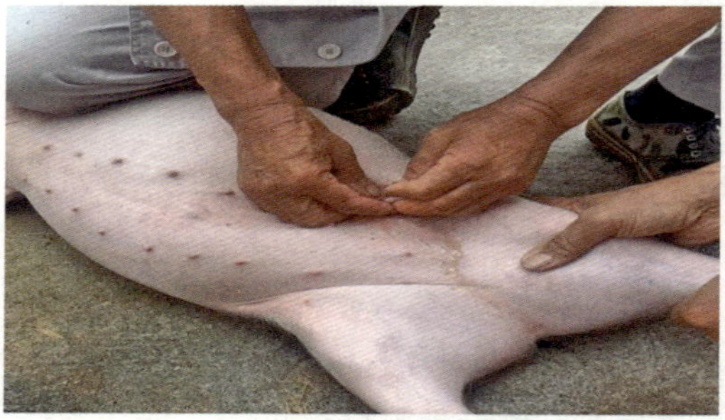

图 1-34 小母猪的阉割

实训操作

- 小公猪、小母猪的阉割。

项目七　畜禽常见重大疫病特征

※ 学习目标

▸ 了解畜禽常见疫病的流行特点和临床症状。

※ 学习重点

▸ 识别畜禽常见疫病。

任务　几种主要动物疫病流行特点与临床表现

· 口蹄疫

流行特点

▸ 为急性、发热和高度接触性的传染病，呈大流行、远距离传播。

▸ 发生于偶蹄动物，以黄牛、奶牛最易感，其次是水牛、牦牛和猪，再次是羊，还有野生动物。

▸ 最危险的传染源是患病动物和潜伏期带毒动物。

▸ 通过消化道和伤口传播。

▸ 四季可流行，以冬、春两季为主。

临床表现

病畜发热，精神萎靡，闭口，流涎，齿龈、舌面、唇内面可见有蚕豆到核桃大的水疱，一夜后破裂成溃疡，涎液增多并呈白色泡沫状挂于嘴边，动物停止采食。趾间及蹄冠的柔软皮肤上也发生水疱，很快破溃。一般7天左右自愈，死亡率1%—2%。病情恶化的病畜，全身衰弱，肌肉发抖，采食停止，步态不稳，死亡率为25%—50%。

·高致病性禽流感

流行特点

一年四季均可发生，其中以冬季和春季常见，各种品种和不同日龄的禽类均可感染，发病急、传播快，致死率可达100%。

临床表现

病禽精神不振，饲料消耗减少，母鸡爱就巢，产蛋减少；有的病禽咳嗽、打喷嚏、大量流泪；头部和脸部水肿，意识不清，腹泻。

·小反刍兽疫

流行特点

小反刍兽疫为一种严重的烈性接触性传染病，主要通过呼吸道传播，以反刍动物为易感，其中以山羊、绵羊以及野生小反刍兽最易感，水牛偶有发生。

临床表现

(1) 急性型 病畜萎靡、咳嗽、流泪、闭眼、昏睡、拒食，强迫站立则全身发抖，又很快卧下，体温达 41℃以上，呼吸困难，鼻流脓涕，严重腹泻，表现症状后1—2 天死亡，病死率 80%。

(2) 标准型 病畜精神不振，经常咳嗽，喜欢卧地，不愿行走，无食欲，喜喝水，眼结膜潮红，眼屎多，眼睑肿，鼻流脓涕，呼吸困难，有的病畜口腔溃疡、腹泻、消瘦，母畜流产，病程 5—6 天，病死率 40%。

(3) 温和型 病畜体温达 40℃，咳嗽，眼结膜潮红，呼吸困难，逐渐消瘦，病程 10 天以上，死亡率低。

·狂犬病

流行特点

几乎所有的温血动物都易感，犬、猫高度易感。一年四季均可发生，春夏季发病率稍高。潜伏期一般为20—60天，最短8天，也有长达数月或一年以上的，死亡率达100%。病畜及潜伏期带毒动物是主要传染源。主要通过被病畜咬伤感染。

临床表现

（1）狂暴型 患病动物发病初期精神差，怕光，喜欢在阴暗地方，不听主人呼唤，啃食异物，唾液增多，后半身无力。1—2天后，表现狂躁，非常兴奋，乱咬乱叫，主动攻击人和动物。最后精神沉郁，眼睛斜视，自咬四肢，怕光、怕水、怕风，一经外出，多数不归，四处游荡，叫声嘶哑，夹尾，无法进食，直至衰竭死亡。整个病程1—10天。

（2）沉郁型 精神委顿，隐藏不动，起立困难，卧地不起，舌头脱出，流口水，最后衰竭而死。

·猪丹毒

流行特点

▶ 仅限于猪感染，不同年龄、品种、性别的猪都容易感染。

▶ 本病无季节性，一年四季均可发生。

▶ 潜伏期病猪、发病期病猪、康复期病猪均是传染源。

▶ 本病主要通过消化道传染，也可通过呼吸道、眼结膜及伤口感染。

▶ 新疫区非免疫猪发病率、死亡率高，达90%以上。老疫区发病率、死亡率低。

临床表现

以急性型最为常见，其典型临床表现有发热，体温达40—42℃，精神萎靡，眼结膜潮红，充血，皮肤发红，有出血、瘀血点，在下腹、四肢、会阴处最为明显，咳嗽，喘气，有大量眼屎，发病初期粪便干硬、脓性带血，后期腹泻。母猪会出现流产、不孕、死胎现象，急性发病时死亡率很高，特别是母猪、大猪死亡更快。

·非洲猪瘟

流行特点

非洲猪瘟只发生于猪，病猪的各种分泌物、排泄物都是危险的传染源，康复期病猪，被污染的饲料、饮用水、用具也是传染源，猪虱、蚊等吸血昆虫也可传播。

临床表现

非洲猪瘟典型症状表现为：病猪体温高达42℃，耳朵、四肢、腹部皮肤有出血点、发紫，有脓鼻涕，呕吐，便秘，粪便带血和脓汁，有时腹泻，呼吸困难，母猪流产，死亡率高达90%—100%。

·布鲁氏菌病

流行特点

▸ 感染动物多，包括各种动物、人，其中以猪最容易感染。

▸ 病猪和带菌猪是传染源。

▸ 病猪的胎衣、阴道分泌物、乳汁、精液和粪尿具传染性，往往经被污染的饲料、饮用水传染，也可经皮肤、黏膜、血液，在交配、昆虫吸血等渠道传染。

▸ 本病无明显季节性，各种年龄、性别、品种的猪都易感。

临床表现

母猪的主要症状是流产。流产前，病猪精神萎靡，阴唇和乳房肿胀，阴道流出分泌物，流产的胎儿大多为死胎，有的病猪产出弱胎或木乃伊胎。流产后，从阴道排出红色分泌物。

公猪的主要症状是一侧或两侧睾丸无痛性肿大，有的有热痛，并伴有全身症状；有的病猪睾丸发生萎缩、硬化，性欲减退，丧失配种能力；有的病猪发生关节炎，后肢麻痹，关节肿大、疼痛，跛行。

· 结核病

流行特点

▸ 为人畜共患病，各种畜禽均能感染，以奶牛最易感，其次是猪和禽类。

▸ 牛型菌主要感染牛，禽型菌主要感染禽类，人型菌主要感染人，也能感染牛、猪和禽类。

▶ 病畜是主要的传染源，通过呼吸道和消化道传播。

临床表现

以慢性病例为主，急性病例少见。病畜逐渐消瘦，病程越长，症状就越明显。

1. 牛

以肺结核、乳房结核和淋巴结核为多见。

（1）肺结核 初期仅有咳嗽，之后咳嗽逐渐严重，以早晨、运动和饮水后更明显，并有脓性分泌物从鼻孔中流出，有的体表淋巴结肿大，后期病畜体温升高，呼吸更加困难，最后衰竭而死。

（2）乳房结核 产乳量减少，乳汁变稀或有乳絮片或脓汁，乳房淋巴结肿大，两侧乳房不对称，乳头变形，严重的停止分泌乳汁。

（3）肠结核 多见于犊牛，有顽固性腹泻并迅速消瘦，粪便有黏液和脓液。

2. 猪

常见于下颌淋巴结、咽淋巴结和颈淋巴结的结核。

患病部位有拳头大小的不热不痛的硬块，最后化脓溃烂，长时间流出脓汁。

·山羊痘

流行特点

▶ 本病主要通过呼吸道感染，也可经损伤的皮肤、黏膜及消化道感染。

▶ 各种年龄的羊均可感染，但羔羊最易感染。

▶ 多发于多雨潮湿的天气，饲养管理不好、环境卫生不良等因素可促使发病，迅速蔓延至全群羊只。

临床表现

潜伏期 5—7 天，起病初期，病羊体温达 40—41℃，精神沉郁，食欲减少或废绝，弓腰，呼吸困难，咳嗽，鼻流脓性分泌物，眼结膜潮红，流泪。经 2—3 天，在病羊的唇、乳房、阴唇、会阴、肛门周围、尾内侧及四肢内侧的皮肤上出现小红点（斑），而后迅速增大为 3—5mm 的红色圆形的硬丘疹，随之形成水泡，其内含黄色透明液体，病羊体温下降。再经 3—5 天，病羊体温又升高，形成脓疱，后逐渐结痂、脱落。严重时可并发肺炎、肠炎致死亡，孕羊易流产。有的病羊，肢下端皮肤破溃，跛行，起卧困难；有的则眼角膜受侵害，形成溃疡，可导致失明。

·炭疽杆菌病

流行特点

▶ 为人畜共患病，人和多种动物都易感。

▶ 一般发生在夏季雨后。

▶ 多呈散发性，但发病后蔓延比较迅速。

▶ 在炭疽病发生过的地方，炭疽杆菌芽胞可存活二三十年。

▶ 病畜的分泌物、排泄物和天然孔流出的血液有大量的病菌，是最危险的传染源。

临床表现

最常见的临床症状是高热，病畜体温升高至40℃以上，寒战，呆滞，沉郁，食欲废绝，先便秘后腹泻，粪便、尿液中带血，呼吸困难，孕畜流产。病畜死后尸僵不全，口腔、鼻腔、肛门等天然孔出血，血呈酱油色，不凝固，尸体很快胀气。

实训操作

▶ 介绍畜禽常见疫病。

· 2 ·

养殖技术基础

项目一　饲料营养与动物营养需求

※ 学习目标

- 了解饲料中含有的营养物质成分。
- 了解饲料中各种营养物质的营养功能。

※ 学习重点

- 熟悉饲料中各种营养物质的营养功能。

任务一　饲料中主要营养成分及其营养功能

· 饲料主要成分

包括水、蛋白质、碳水化合物、脂肪、矿物质、维生素。

· 饲料的营养价值

(1) 蛋白质　蛋白质是构成动物各种组织器官，维持动物生命，保证其生长发育和生产的重要营养物质。

蛋白质以氨基酸为主要单位，动物对蛋白质的营养需要就是对氨基酸的营养需要，动物缺乏氨基酸，会导致生长缓慢、被毛粗乱、抗病力差。公畜性欲下降，精子质量差；母畜不发情或发情异常；幼畜发育不良等。

（2）脂肪 脂肪是构成畜体各组织的重要成分。动物各组织器官都含有脂肪，饲料中的脂肪除了供给动物所需能量外，还有利于多种脂溶性维生素的吸收。

（3）碳水化合物 碳水化合物中的淀粉是畜禽最主要的能量来源，粗纤维则在动物消化道中起填充容积的作用，可以刺激胃肠蠕动，帮助消化，利于排便。碳水化合物的主要功能是形成动物体组织，提供动物机体80% 以上能量需要，保证动物的生命活动。

（4）矿物质及微量元素 矿物质是构成畜禽骨骼的主要成分和构成畜禽组织、器官的重要物质，分常量元素和微量元素两种。常量元素有钙、磷、钠、氯、硫、镁、钾等，占动物体重 0.01% 以上，对动物体内代谢起到重要调节作用，影响动物的生长和发育。微量元素有铁、铜、锰、锌、碘、硒等元素，是维持动物正常生命和生长所需要的一类特殊营养物质，具有调节和控制新陈代谢的作用，虽然需要量很少，但如果缺乏，则会引起微量元素缺乏症。常见的微量元素有脂溶性维生素（维生素 A、维生素 B、维生素 D、维生素 E）及水溶性维生素（维生素

B1、维生素 B2、维生素 B12、维生素 C、维生素 H 等）。

（5）水 水在动物体内具有重要的生理功能，是动物维持生命所不可缺少的营养物质，在动物体内具有运输营养物质、消化吸收、循环血液和体液、润滑器官、维持泌乳及排除食物残渣和有毒物质等作用。

任务二 动物营养需要

· 营养需要的定义

营养需要是动物在正常的环境条件下，维持正常、健康的生理活动所需要的能量、蛋白质、矿物质、维生素等。

· 动物营养需要类型

动物生长、育肥、繁殖、泌乳、产毛、产蛋都需要良好的营养。不同动物的营养需要不同，同一动物在不同生长期的营养需要也不同。

实训操作

- 介绍饲料的营养成分及其营养作用。

项目二 配合饲料及生产技术

※ 学习目标

▶ 了解饲料的分类及市面上的常见饲料。

※ 学习重点

▶ 认识各种畜禽配合饲料。

▶ 了解配合饲料的加工工艺。

任务一 配合饲料的种类

配合饲料为由多种饲料配合而成的混合饲料。

·按营养成分分类

按营养成分，可分为添加剂预混合饲料、浓缩饲料、全价配合饲料、精料补充料。

·按饲料形状分类

按饲料形状，可分为粉料、颗粒饲料、碎粒料、压扁饲料、膨化饲料。

·按饲喂对象分类

按饲喂对象，可分为猪用、鸡用、鸭用、牛用等配合饲料。

任务二　配合饲料制作（以鸡的配合饲料为例）

（1）**合理选料**　要有饼类、鱼粉等蛋白质饲料和玉米、高粱、碎米等能量饲料，以及麦谷、米糠等大体积低能量饲料，还要有矿物质、生长素等添加剂。尽量选用当地生产的价格较低的品种，以降低成本。

（2）**精确配方**　查阅常用饲料成分表，找出所选原料的代谢能及各种营养成分的含量，然后进行合理搭配和详细计算，确定出各种原料所占的比例。

（3）**加工粉碎**　先将所选用的各种原料，通过挑拣、过筛等方式清除杂质，再用合适的粉碎机械逐项进行粉碎。

（4）充分拌和 原料经过粉碎后，按照确定好的配方称取重量并放在一起拌和。如要将500g添加剂拌到25kg饲料中，先把这500g添加剂与1kg饲料拌和，再把这样拌和好的1.5kg混合物与5kg饲料拌和，最后再将拌和好的6.5kg混合物与其余的饲料拌和。

实训操作

- 市场调研，了解市面上的猪、鸡饲料。
- 参观学习，了解饲料生产的工艺流程。

项目三　动物生长发育的规律

※ 学习目标

▶ 了解影响畜禽生长的因素。

▶ 了解畜禽生长发育的测定内容。

※ 学习重点

▶ 猪、牛生长发育测定和计算方法。

任务一　影响动物生长发育的主要因素

动物在生命活动过程中，组织、器官随年龄的增大而增大，体积和重量不断增加，从而达到性成熟。生长是发育的基础，发育又可促进生长。

· 动物体的自身特点

不同种类动物的生长速度不同；同种动物的不同品种，生长发育的速度也不同；同品种动物，公畜比母畜生长快。

·营养水平

营养水平高，动物生长速度就快。

·环境

环境温度、湿度、气流、饲养密度及空气清洁度也会影响动物的生长发育。

·母体因素

母畜对仔畜的发育有较大影响，多胎动物产仔数越多，初生体重就越小；母体大小也影响初生仔畜的发育程度；初产母畜产仔个体平均重量比经产母畜所产的轻。

任务二　生长发育的测定和计算

·生长发育的测定

(1) 体高　鬐甲顶点至地面的垂直高度。

(2) 体长　肩端到臀端的直线距离。猪的身长由两耳联点沿着背线量至尾根。

(3) 胸围 沿着肩甲软骨后缘量取胸部的垂直周径。

(4) 管围 左前肢管部最细处的周径。

· 生长发育的计算

对动物生长测定的方法如下。

(1) 累积生长 任何一个时期，所测得的体重或体尺，都是代表该家畜在测定以前生长发育累积的结果，因此称为累积生长。

(2) 绝对生长 在一定的时间内测量的家畜的生长速度，如猪的某月平均日增重。

(3) 相对生长 用家畜原增长量与原来的体重比来衡量家畜的生长强度。

(4) 生长系数 用末重与初重进行对比，说明家畜的生长强度。

(5) 体尺指数

▶ 体长指数 即体长与体高之比，表示体长与体高的发育程度。

▶ 胸围指数 胸围与体高之比，表示体躯的相对发育程度。

▸ 管围指数　管围与体高之比，表示骨骼的相对发育程度。

▸ 体躯指数　即胸围与体长之比，表示体躯的相对发育程度。

实训操作

▸ 猪生长发育的测定和计算。

▸ 猪的体重计算。

项目四　动物配种与人工授精

※ 学习目标

- 了解选择良种猪、牛的方法。
- 了解猪的选配原则。
- 了解猪的人工授精的基本程序。

※ 学习重点

- 掌握猪的人工授精操作方法。

任务一　家畜的选种

· 猪的选种

断奶仔猪的选择

以系谱为主，结合生长发育和体型外貌来选择。

(1) 根据亲代资料选择　从上几代优秀的后代中选留，并在同窝中产仔数多、哺乳期成活率高、断奶窝重大、发育整齐、无遗传疾病或畸形仔畜的窝中选择。

(2) 根据本身表型选择 即仔畜断奶时，选择达到本品种的体重和生长指标，外观符合品种特征的。在同窝中选择断奶体重大、身腰较长、体质健壮、生殖器官正常、有效乳头7对以上且排列均匀的。

后备猪的选择

- 毛色、体型、头型、耳型要与本品种特征一致。
- 精神好，健康无病，生长发育良好。
- 无遗传病，无疝气、隐睾、单睾、乳头排列不整齐等。
- 后备种公猪的挑选要在同窝仔猪10头以上的窝中，选择乳头在6对以上，体长，四肢及蹄部良好，睾丸大小适中、对称的。
- 后备种母猪要挑选体质和四肢健壮，发情正常，发情表现明显，外生殖器官发育正常，有7对乳头以上并排列整齐的。

·牛的选种

(1) 犊牛的选择 先根据其祖先三代的情况进行选留，再根据其生长发育情况进行选择，以初生重为标准，最后根据体型外貌来选择。所选犊牛要符合品种特征，四肢健壮端正，体躯均称。

(2) 乳用母牛的选择 一是根据系谱来选择，二是通过母牛自身的外貌、体重、产乳性能、繁殖力等来选择，一般选择一年一产，产奶量高，排乳快的。

(3) 种公牛的选择 一是查看系谱，二是看公牛的外貌表现和发育情况，三是看其后代的生长发育成绩。

知识加油站

家畜的选配原则（以猪为例）

- 尽量选择能生产优良后代的公猪、母猪进行交配。
- 要用品质和等级高于母猪的公猪与母猪交配。
- 有相同缺点的公猪、母猪不能选配。
- 正确使用近交，避免优良性状衰退。
- 在合适的年龄选配。公猪、母猪均要求体质健壮，年龄配对合适，至少有一方是壮年龄猪。

任务二 人工授精（以猪为例）

·概述

人工授精是指用人工的方法采取公畜精液，通过品质检查和处理后，输入发情母畜的生殖道内，从而达到使母畜受胎的一种繁殖技术。

·采精

采精前的准备

（1）清洗、消毒采精器械 采精器械有高压锅、显微镜、胶头滴管、剪刀、脱脂棉、采精杯、小试管、输精枪等，可用洗衣粉或2%—3%碳酸氢钠清洗，之后用水冲净，然后消毒。消毒时，玻璃器皿可用高压蒸汽消毒或者高温干燥消毒两小时；橡胶制品用75%酒精棉球擦拭，或者煮沸消毒；器械用新吉尔灭水浸泡消毒后再用生理盐水冲洗；毛巾、棉花等用高压蒸汽消毒。

（2）安装假阴道 注意检查器械是否完好。

（3）采精场地准备 选择良好和固定的场所与环境，要求场所宽敞、平坦、安静和清洁。

（4）假台猪的准备和种公猪的调教 准备好假台猪，在假台猪后躯涂抹发情母猪的黏液或者尿液，调教公猪爬跨到假台猪上，反复训练多次，直到公猪会自动爬跨为止。

采精操作

采精员站在假台猪一侧，手心向下握成空拳，当公猪开始爬跨假台猪时，采精员将公猪阴茎导入空拳内，使阴茎在空拳里来回抽转一段时间，握拳应由松到紧，有节奏地收缩阴茎，有节奏地按摩阴茎龟头，直至公猪射精。用集精瓶接取精液，采取“弃两头取中间”的办法，即弃去刚射出的精液和最后的一段精液，这样有利于提高精液质量。

· 精液品质检查

检查的项目有射精量、颜色和气味、pH 值的检查、精子活率的评定、精子密度检查、精子畸形检查。

· 精液稀释

（1）稀释液的配方 乳糖缓冲糖液、BTS 液、葡萄糖柠檬酸钠液。

（2）稀释方法 用注射器或乳头吸管吸取稀释液，沿玻璃瓶缓慢加入精液中，稍加摇晃即可。

·精液保存

（1）常温保存 适宜温度在15—25℃。

（2）低温保存 将稀释后的精液置于0—5℃的低温条件下保存。

（3）冷冻保存 利用液氮、干冰作为冷源，将精液经过处理后保存在超低温下，可以长期保存。

·输精

一般采用输精管插入法，输精时让母猪自由站立，将精液吸入注射器内，接上输精管，输精管外涂抹少量的润滑剂，左手握注射器，右手执输精管，将输精管沿阴道壁上壁插入，避开尿道口后沿水平方向边左右旋转，边向前推进抽送2—3次，直至不能继续向前进为止，此时将输精管向外拉出一些，右手推注射器缓缓注入精液。若母猪走动，待安抚母猪站稳后再继续输精。输精完毕后，慢慢抽出输精管，按压母猪腰部使精液不能倒流，稍待片刻再放走母猪。每次时间为 3—5 分钟，输精量为 20—30mL。

实训操作

- 猪的人工授精。

项目五　动物养殖环境控制、养殖设备

※ 学习目标

- 掌握控制畜禽圈舍环境温度的方法。
- 了解养殖场选择的要求。
- 了解养殖场的规划要求。
- 了解养殖场需要配备的设备。

※ 学习重点

- 掌握如何控制畜禽圈舍环境温度。
- 掌握畜禽养殖场地的规划设计。

任务一　动物养殖环境控制

· 温热环境控制

畜禽圈舍环境降温

（1）**畜舍外部的隔热设计**　可用屋顶隔热、墙壁隔热等方式。

（2）舍内通风设计 畜舍应设地窗、天窗、通风屋、屋顶风管等。

（3）遮阳与绿化

（4）畜舍降温技术 可采用通风降温、喷雾降温、喷淋降温、滴水降温等方式降温。

畜舍防寒与采暖

（1）畜舍外围保温 注意屋顶天棚的保温、墙壁的保温等。

（2）建筑设计 注意朝向与保温的关系。

（3）防寒管理 增加饲养密度，地面铺垫料，防潮，清除粪尿，维护好门窗等。

（4）畜舍采暖 可用热水散热采暖、热水管地面采暖、热风采暖等方式。

· 畜舍内环境的改善与控制

（1）夏季降温

（2）冬季采暖

（3）通风换气

任务二 养殖设备

（1）**供暖设备** 空气能热风机、取暖炉等。

（2）**通风设备** 湿帘风机、换气扇等。

（3）**饮水设备** 猪、鸡自动饮水器等。

（4）**喂料设备** 贮料塔、饲料输送机、输送管道、自动给料设备、计量设备、食槽等。

（5）**集蛋设备** 禽类自动集蛋机、立式集蛋机、全自动检蛋机等。

（6）**消毒设备** 高压清洗机、火焰消毒器和背负式喷雾器等。

（7）**清粪设备** 清粪机等。

（8）**笼具、圈舍** 鸡笼、猪圈等。

（9）**光照设备** 日光灯、荧光灯等。

（10）**孵化设备（禽类）** 孵化器等。

实训操作

- 学习大型养殖场的畜禽圈舍温度控制技术。
- 参观大型养殖场的主要设备。

· 3 ·

猪生产技术

项目一　猪的品种及特性

※ 学习目标

▶ 了解猪的主要品种及生产性能。

※ 学习重点

▶ 掌握猪的生物学特性。

任务一　猪的品种

生猪品种较多，不同品种的外形特征、生产性能、个体大小及用途各不相同，一般把生猪分为国内品种和国外引进品种两类，在生产中可根据用途选择适合的品种。

· 国内优秀品种

目前国内的优秀品种主要有荣昌猪、太湖猪、陆川猪、内江猪等。在养殖选种中，荣昌猪占比最大，其次是太湖猪，最后是陆川猪、内江猪、金华猪等。

另外，随着人们生活水平的日益提高，单一的瘦肉型猪肉的口感已经无法满足人们对猪肉风味的需求，各地都出现了一些优良的本地土猪品种，如贵州从江香猪、贵州关岭猪等。

（1）荣昌猪 原产四川荣昌，为肉脂兼用型，个体中等，瘦肉比例高于其他国内品种猪。与大白猪杂交后，再与长白、杜洛克、汉普夏等品种猪杂交，可使瘦肉率得到明显提高。经杂交后的荣昌猪适合国内大部分山区饲养。

（a）

（b）

图 3-1 荣昌猪

（2）太湖猪 原产地为江苏，属于脂用型品种，个体中等，腹大下垂，奶头多，产仔多，护仔性强，耐粗饲。太湖猪与大白猪杂交后瘦肉率明显提高，再与杜洛克猪杂交，其杂交优势更加明显。

图 3-2 太湖母猪

图 3-3 大白、太湖二元猪

(3) 陆川猪 原产广西陆川，属于脂用型品种，个体较小，产仔多，耐粗饲，抗病率强，适合条件较差的山区养殖。

图 3-4 陆川猪

(4) 内江猪 原产四川内江，被毛全黑，体形匀称，背腰相对于国内其他品种猪平直，瘦肉率也略高，适应性、抗病力强，肉质好。

(a) (b)

图 3-5 内江猪

(5) 贵州从江香猪 原产贵州从江，为国家二级珍稀保护畜种，具有生长速度慢、体型矮小、肉质细嫩、基因纯合等优点，养殖及市场前景好。

图 3-6 从江香猪

(6）贵州关岭猪 原产贵州关岭，四肢粗壮，在不良条件下仍有较好的肥育性能，肉质好。

图 3-7 关岭猪

· 国外引进的优良品种猪

引进品种主要以长白、大白和杜洛克为主，具有个体大、瘦肉率高、生长快、经济效益好等特点，是目前世界公认的瘦肉型品种。这三个品种又分为很多品系，如美系、加系、丹系、英系、法系等，其中杜洛克猪以台系及美系的占有量最大。

（1）**长白猪** 被毛全白，躯干长，背腰略下陷，前肢低后肢高，后躯特别丰满，产仔数多且仔猪初生重大，瘦肉率高，被称为世界上长得最快的猪，成年猪体重可达 380 公斤。

图 3-8 长白母猪

（2）**大白猪** 被毛全白，背腰平直，产仔性能好，四肢健壮，瘦肉率高，生长速度快，作为父本与国内许多品种杂交都会取得较好的杂交效果。

图 3-9 大白公猪

（3）**杜洛克猪** 被毛以棕色或棕黄色为主，体型大，背腰平直，前后躯丰满，瘦肉率高，生长速度快，主要作为终端父本。

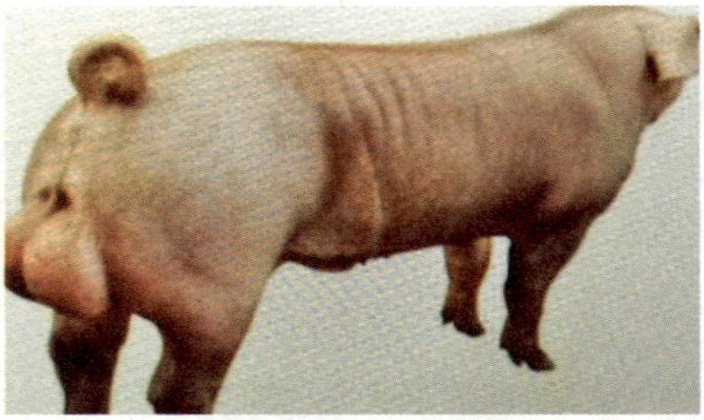

图 3-10 杜洛克公猪

(4) 汉普夏猪 被毛以棕色为主，部分白色，体型大，四肢粗壮，躯体长，生长速度快，瘦肉率高。

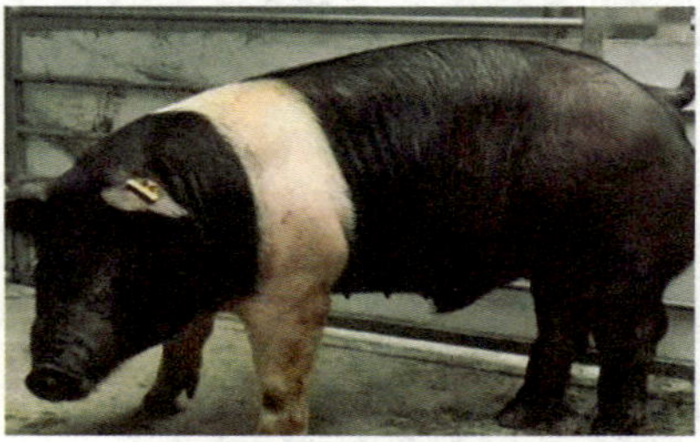

图 3-11 汉普夏公猪

任务二 猪的生物学特性

·生长快，产肉量多，屠宰率高

猪的屠宰率在 80% 左右，高于牛、马、羊等家畜。其生长期短，在满足饲养的条件下，从出生到 100 公斤，本地猪约需 8—10 个月，内二、内三元杂交猪约需 6—8

个月，外三元杂交猪约需 5—6 个月。

·繁殖力高，世代间隔短

在正常的饲养管理条件下，本地母猪及内二元母猪 6—8 个月可以初次配种，外二元母猪 8—10 个月可以配种。妊娠期 114 天。一年 2 胎或两年 5 胎，平均每窝产仔 10 头左右。正常繁殖年限 4—7 年。

图 3-12 猪繁殖力高，平均每窝产仔 10 头左右

·食性广，饲料转化率高，抗逆性强

猪是杂食动物，饲料来源非常广泛，具有耐粗饲的特点。其消化吸收能力较强，饲料转化利用效率高，外三元猪料肉比在 2.8:1 左右，内三元猪料肉比在 3.3:1 左右。

图 3-13 猪食性广，抗逆性强

·嗅觉发达，听觉灵敏，视觉不发达，容易调教

猪的嗅觉非常灵敏；猪的耳形大，容易对声音刺激建立条件反射，对危险信息也特别警觉；视觉很弱，缺乏精确的辨别能力。

猪的性情温顺，容易调教。家猪经过调教后，能够建立条件反射。按特定的信号，按时起居、进食、排泄，便于管理，有利于生产。

·适应性强，分布广

猪对自然地理、气候等条件的适应性强，是世界上分布最广、数量最多的家畜之一。凡是有人类生存的地方都可养猪。丰富多样的品种和种群资源决定了其广泛的适应性。

实训操作

- 根据图片，观察国内外不同品种的猪的外形特征。
- 区分不同品种猪的主要生产性能。
- 观察猪经过调教后形成的条件反射表现在哪些方面。
- 观测母猪每窝产仔数。

项目二　养猪场建设与生猪养殖

※ 学习目标

▶ 了解养殖场的选址。

▶ 了解猪舍的设备。

※ 学习重点

▶ 掌握生猪饲养管理要点。

任务一　养猪场选址

养猪场的场址选择非常重要，它不仅关系到养猪场本身的经营和发展，而且还关系到当地生态环境的保护。在选择场址时，要主要考虑以下几方面。

· 地形和地势

地形指场地的形状、大小、位置和地貌的情况。地形要开阔整齐，有足够的面积，并留有发展的余地，以方便饲养管理、猪舍环境管理及防疫等。

地势指养猪场所在地的高低起伏状况。通常选择地势高且干燥、背风向阳、平坦、便于运输的地方作为养猪场。

场址选择时应节约用地，不占或少占农田，保护有限的耕地资源。

· 水源和水质

养猪场要求水源充足，便于取用，水质达到饮用水卫生标准。能保证人、畜饮水，生活及生产用水。

· 土壤

土壤以沙壤土最为理想。沙壤土透水透气性好，可避免雨后泥泞潮湿，有利于土壤的自净，病原微生物难以生存和繁殖。此外，沙壤土由于含水量小，具有较高的抗压性和较小的膨胀性，可使地基稳固。

· 选址

科学而合理地选择场址，对养猪场高效、安全地组织生产，降低投资成本，提高经济效益具有重大意义。选址应注意以下几点。

- 交通便利，但与居民区和交通干道有一定距离。
- 供电有保障。
- 避开风景旅游区、自然保护区、水源保护区和环境污染严重的地方，既要保护周围环境，又要避免猪场受到环境污染。
- 不在旧养猪场场址上重建或改建猪场，避免残留的病菌导致疫病发生。

任务二　猪舍的设备

·食槽

猪栏中用于盛放饲料供猪吃食的设备称为食槽。目前农村常见的猪食槽有简易石槽、水泥食槽。无论哪种形式的食槽，都应满足下列要求：减少饲料浪费；保证饲料清洁，不易被猪弄脏；便于猪采食；便于饲养员加料和清洗；坚固耐用。

图 3-14 简易石槽

图 3-15 水泥食槽

以下介绍几款现代养殖中常用的食槽。

自动食槽

自动食槽指采用自由采食饲喂方式的猪群所使用的食槽，就是在食槽顶部装有饲料储存箱，储存一定量的饲料，随着猪的进食，饲料在重力的作用下不断落入食槽内。因此，使用自动食槽可以隔较长时间再加料，大大减少了饲喂工作量，提高了劳动生产率，同时也便于实现自动化饲喂。

限量食槽

限量食槽指采用限量饲喂方式的猪群所使用的食槽，常用水泥、金属等材料制造。

仔猪补料食槽

仔猪补料食槽指在仔猪哺乳期为其补充饲料所使用的食槽。仔猪补料食槽的形状有长方形和圆形等。

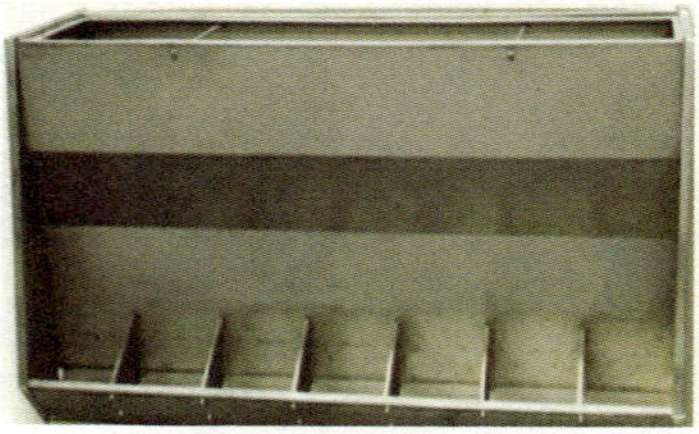

图 3-16 仔猪食槽，双面 14 孔

干－湿食槽

干－湿食槽是为自由采食猪群提供湿料的自动食槽。干－湿食槽上部的储料箱储存干饲料，下部安装有乳头式自动饮水器和放料装置。使用干－湿食槽喂猪，提高了饲料的适口性，可以使猪的采食量增加，同时避免了猪吃干饲料时造成的饲料飞扬，不仅节省饲料，还可显著降低舍内的灰尘含量，改善猪舍的环境卫生。

·供水系统

供水系统包括饮水设备和贮水设备，饮水设备包括鸭嘴式饮水器、乳头式饮水器、碗式饮水器，以及目前正在推广使用的新型环保饮水器。它们都具有全天候供水、饮水安全卫生等特点。

但是，鸭嘴式、乳头式饮水器不防溅漏，会造成70%的水资源浪费，还导致地面潮湿，使猪粪便更难以清扫，增加了环保压力。碗式饮水器仅适合乳猪及小猪使用，大猪使用时容易损坏。新型环保饮水器是在鸭嘴式、乳头式饮水器的基础上加装回收装置制成，可对浪费的水进行回收利用，减少环保压力，确保猪舍干燥。

储水装置

在养猪场中常用的储水装置有高位储水箱和气压供水罐两种类型，前者是具有一定高度的储水塔装置，后者是具有一定压力的汽水罐供水装置。

猪舍饮水系统

猪舍饮水系统由管路、活接头、阀门和自动饮水器等组成，在干水管与自动饮水器之间用支水管相连。

猪舍饮水系统通常布置在猪栏中的猪排泄区，符合猪在饮水时排泄的习惯，有利于舍内卫生；在母猪分娩栏、单体母猪栏和配种母猪栏中，则应布置在食槽附近，便于猪饮水。

知识加油站

自动饮水器

使用了自动饮水器，猪只要进行简单的动作就能使饮水器自动供水，动作停止，饮水器也会自动关闭。这保证了猪只能够随时喝到干净卫生的水，有利于饲养管理和卫生防疫，可减少疾病传染。自动饮水器应满足下列要求。

- 坚固耐用，造价低廉，结构简单，使用、维护方便。
- 稳定可靠，密封良好，无泄漏或溅水现象，能保持水质清洁卫生，保持猪栏内干燥。

1. 墙体
2. 固定饮水器螺栓
3. 饮水器
4. 接水盘
5. 固定接水盘螺栓
6. 导流管

图 3-17 新型饮水器示意图

任务三　生猪饲养管理要点

生猪饲养管理包括乳猪饲养管理、仔猪培育、育肥猪饲养管理、后备种猪饲养管理、怀孕母猪饲养管理、哺乳母猪饲养管理等。这里，我们根据贵州山区农村较多饲养的内二元、内三元生猪的特点，着重讲解后备母猪、怀孕母猪和哺乳母猪的饲养管理以及乳猪的护理。

· 后备母猪的饲养管理

后备母猪是指体重在 50 公斤以上，准备留作种用到配种前的母猪，在此期间，饲养要点是确保口粮中各种营养物质的均衡，使母猪能在相应的时间内发情配种。

▶ 饲料配比中要降低能量饲料的用量，增加蛋白质饲料的用量，钙、磷、维生素等其他营养物质要满足母猪的需要，确保母猪能达到 80% 膘情。

▶ 配种前 1 个月适当增加维生素的喂量，同时加大补充维生素 A 和维生素 E，可促使母猪发情以便配种。

▶ 做好防疫是饲养后备母猪的重中之重。配种前必须做好猪瘟、母猪繁殖综合征、细水病毒、伪狂犬、口蹄疫等疫苗的免疫注射。配种前 2 个月内确保细小病、伪狂犬、圆环病免疫接种2次以上，其他病的疫苗根据猪场周边疫病流行情况接种。

·怀孕母猪饲养管理

怀孕母猪分为初产母猪和经产母猪，虽然都是怀孕母猪，但饲养管理方法有很大区别。

经产母猪饲养管理

经产母猪体型已经固定，饲料日粮只要能满足母猪日常消耗及胎儿生长发育即可。

▶ 饲料营养要相对全面，多种饲料搭配饲喂，饲料品质要好，不得饲喂发霉变质饲料；要提供清洁的饮用水。

▶ 孕后期增加蛋白质饲料，使其在整个饲料中占比15%以上，增加饲料钙磷含量，确保维生素、微量元素等各种营养能满足胎儿生长及母猪日常消耗的需要。

由于胎儿体重的70%是在产前1个月增加的，因此产仔前1个月需增加日粮中蛋白质，维生素，钙、磷及其他矿物元素的含量，增加饲料喂量。

▶ 单舍饲养母猪，使母猪保持运动，但不要强行驱赶母猪。

▶ 做好免疫。产前 40 天及 20 天注射传染性腹泻三联苗，根据猪场周边疫病流行情况，做好其他疫苗的免疫注射。

初产母猪饲养管理

▶ 初产母猪个体仅达到成年猪的 70% 左右，在怀有胎儿时，更需要精心管理。

▶ 饲料日粮不仅需要满足母猪日常生理活动的消耗，同时还要满足胎儿生长及母猪生长所需的营养。

▶ 初产母猪产仔后经常出现无奶水或者奶水不足等情况，应提前多饲喂一些青绿多汁的饲料。孕后期，日粮中的蛋白质可提高到 18% 左右，并确保维生素、微量元素等足量。产前 5 天，可饲喂一些催奶精等，确保母猪产后乳汁充足，乳猪健康。

▶ 饲料原料多样化，质量要好，营养要全面，还要易于消化，不宜饲喂菜油饼、棉籽饼、粗米糠等，坚决不喂发霉变质饲料。

▶ 初产母猪产仔前会烦躁不安，产前应保持多接触，给予抚摸呵护，让其安静，乳猪出生后尽早让其吃乳，切不可驱赶、鞭打等，反应特别强烈的母猪可注射镇静剂让其安静。

·哺乳母猪的饲养管理

▶ 母猪分娩完毕后，应立即注射消炎药，根据使用药品的半衰期重复使用 3 天，同时 24 小时内用甲硝唑液体等清洗子宫，确保母猪不发生产后感染。

▶ 饲喂适口性好、易于消化、营养全面的稀稠料，对奶水不好的母猪可添加催奶精等，以保证母猪奶水充足。同时，也保证小猪断奶后母猪能顺利发情配种。

图 3-18 哺乳母猪

▶ 供给清洁干净的饮用水，安装自动饮水器，做到时时供水，冬天供给温水，不饲喂不清洁的水。

▶ 根据免疫程序做好母猪的免疫，预防疫病的发生。哺乳母猪易发猪瘟、口蹄疫、细小病毒、伪狂犬等疾病，要做好以上疾病的疫苗接种，有其他疫情史的地区还应根据当地情况增加其他疫病的免疫接种。

▶ 做好驱虫健胃，哺乳母猪好发体内线虫病和体外寄生虫病，要选择使用低毒药品治疗，确保用药安全。

·乳猪护理

乳猪是指初生至断乳阶段的仔猪。此期间的护理主要是接生接产、喂初乳、注射补血剂、进行免疫等。

▸ 在母猪产仔前提前做好准备工作，准备断尾钳、止血钳、剪齿钳、纸巾、乳猪保温箱等新生乳猪所需用具，同时把保温箱内的温度调整到 30—32℃，等待乳猪的出生。

▸ 乳猪出生后马上用柔软的干毛巾或纸巾擦干体表的黏液，然后将其放入保温箱内烤干，保温箱内温度应保持在 30—32℃。

▸ 及时让乳猪吃上初乳，有利于刺激母猪生产。初乳不仅能增加乳猪的能量，还能提高乳猪的免疫率，减少疫病发生。

▸ 用剪齿钳剪去乳猪的门齿，防止乳猪吸奶时咬伤母猪乳头，引起乳头炎，进而导致乳猪发生腹泻等疾病。

▸ 用电铬铁或断尾钳断去乳猪尾巴，减少尾部运动的消耗，同时可防止乳猪咬尾受伤。

▸ 乳猪出生 3 天内，注射生血素、右旋糖酐等补血剂，可加快乳猪生长，提高乳猪免疫率。

▸ 供给乳猪清洁、干净的饮用水，冬天最好供给热水，最好使用自动饮水器。

▸ 乳猪出生第七至第十天，用乳猪开口料诱导乳猪及早吃料，有利于避免乳猪吃乳增多而导致母猪乳汁不足，同时有利于早期断奶。第二十天以后，应逐渐过渡到使用乳猪料。

▸ 乳猪出生第二十一天至第二十八天要进行早期断奶，使母猪保持良好的体况，有利于其发情配种。同时，第二十一天后母猪的乳汁逐渐减少，已经无法满足乳猪的需要，断奶后，乳猪会迅速采食，生长得更好。

图 3-19 断奶后乳猪采食

▸ 仔猪免疫：第一天，伪狂犬疫苗滴鼻；（一般在出生后 18 小时前，乳猪吃初乳前最好）第三天，注射生血素；第十天，注射圆环病毒疫苗；第二十一天，注射伪狂犬疫苗；第二十八天，注射猪瘟疫苗；第四十天，注射蓝耳疫苗；第五十天，注射口蹄疫疫苗。

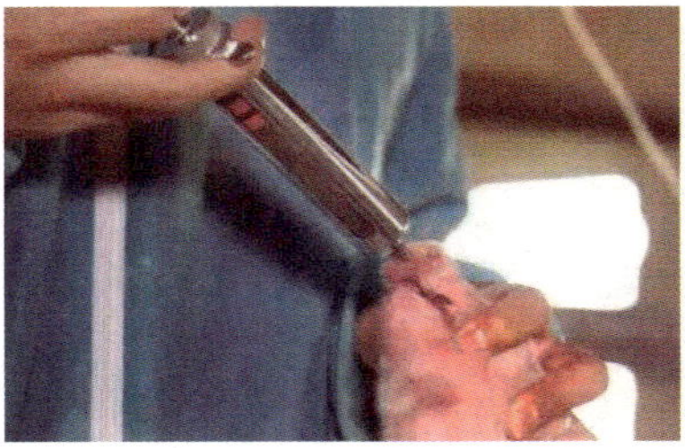

图 3-20 乳猪疫苗滴鼻

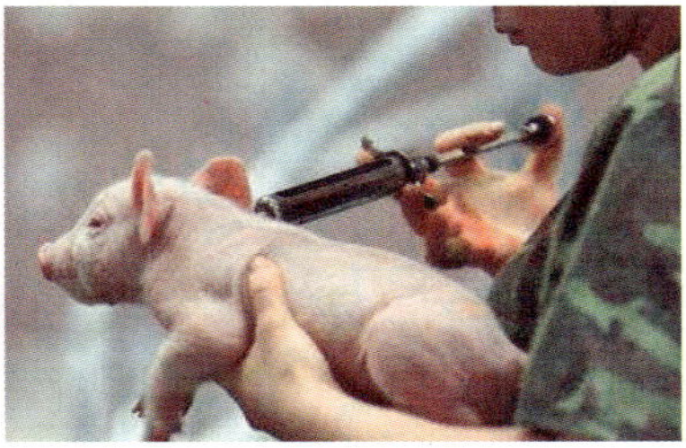

图 3-21 乳猪疫苗接种

出现过猪副嗜血杆菌病的猪场，需在乳猪出生第三十五天左右注射猪副嗜血杆菌疫苗；出现支原体肺炎的猪场，需在冬季普免（猪场在短时间内完成同一阶段的猪群的某种疫苗免疫，是目前规模化猪场采取的疫苗免疫方式）一次支原体肺炎疫苗。

▶ 乳猪断奶。断奶应选择在气温适中时进行，冬天最好选择晴天的晚上，夏天选择气温较低的时间，以夜晚较好。断奶时，先把母猪赶到其他猪舍，让乳猪在原舍饲养，待其吃料正常后，再赶到保育舍。

▶ 随时观察气候情况、母猪和乳猪情况，发现异常后及时采取措施。

◆ 观察气候变化，提前做好防范，冬天做好防寒保暖，夏天做好防暑，确保通风良好，防止乳猪因天气变化和空气质量差而发生疫病。

♦观察母猪的精神状况、粪便情况、吃料情况、饭水情况、乳汁情况、站立情况等，发现异常应及时找出原因，并及时治疗，防止母猪发生感冒、乳房炎、产后厌食等病，以确保其正常喂奶。

♦观察乳猪的精神状况、粪便情况，发现异常要及时检查，找出原因，特别要注意乳猪感冒、黄白痢、肠炎、传染性腹泻等病的发生。

实训操作

- 参观考察本地优秀养殖场的选址。
- 实地观察猪舍饮水系统。
- 操作新型自动饮水器的安装与调试。
- 仔猪滴鼻操作。
- 仔猪注射操作。

项目三　猪的繁殖

※ 学习目标

▶ 了解猪的繁殖机理。

※ 学习重点

▶ 熟悉猪的人工授精注意事项。

任务一　猪的繁殖生理

·公猪的繁殖生理

公猪的生殖器官

公猪的生殖器官包括睾丸、附睾、输精管、副性腺、尿生殖道和阴茎等几部分。

公猪的性成熟

幼龄公猪生长发育到一定时期，开始产生成熟的精子，称为性成熟。在正常饲养管理条件下，我国地方猪种性成熟早，一般在3—4月龄、体重25—30kg时达到性成熟。而培育猪种和从国外引进的猪种以及它们的杂种猪，一般要6—7月龄，体重达65—75kg时才出现性成熟。

公猪的繁殖适龄

我国地方猪种在8月龄、体重达80kg时开始用于配种；新培育猪种和杂种猪在8—9月龄、体重90—100kg时配种；国外引进的猪种在10—11月龄、体重100—120kg时配种。

• 母猪的繁殖生理

母猪的生殖器官

母猪生殖器官包括卵巢、输卵管、子宫、阴道和外阴等几部分。

母猪的性成熟

在正常饲养情况下，我国的早熟品种猪，一般在出生后3—4月龄达到性成熟；国外引进和培育的瘦肉型品种猪，一般在出生后6—7月龄达到性成熟。母猪达到性成熟后，不能立即进行配种繁殖，因为母猪达到性成熟时，身体的生长发育还在继续，机体还不成熟，过早配种会影响母猪的繁殖效果。

发情周期

母猪从上次发情开始到下次发情开始为一个发情周期。猪的发情周期一般为16—25天，平均21天。通常每次发情持续2—4天。

母猪的繁殖年龄与利用

我国大中型品种猪在8月龄、体重90kg时开始配种；南方小型早熟品种猪在6月龄、体重60kg时配种；国外引进猪种在10月龄、体重110kg时配种。

任务二　猪的人工授精

·猪人工授精的优点

▶ 可提高优良种公猪的利用率。成年种公猪每次采精量在300—500mL，若按3倍稀释，稀释后最低可达1200mL。每头母猪每次配种3次，每次用精液40mL，采精1次至少可配10头母猪。每周采精2次，可配20头，每月可配 80 头。

▶ 可减少饲养种公猪的数量，降低养殖成本。人工授精公猪利用率是本交的数倍，可大大减少种公猪的数量。

▶ 可克服公猪与母猪因个体大小差异导致的本交困难问题。

▶ 减少疫病的传播。母猪与公猪自然交配，会增加疫病传播风险，采取人工授精，避免了公猪与母猪的直接接触，不会造成疫病的传染。

▶ 可提高受胎率和产仔数。本交方式配种的公猪每天都在与母猪交配，容易导致种公猪疲劳、精神差、精液品质差等情况，母猪配种受胎率、产仔数都得不到保障。

・人工授精注意事项

▶ 所有用具必须严格消毒，以高温高压煮沸消毒为主。

▶ 最好采用一次性防倒流输精管。

▶ 输精前的精液需缓慢加温到 39—40℃，并缓慢摇匀。

▶ 采出后超过 8 小时的精液必须保存在 18℃的恒温箱内，每隔 6—8 小时缓慢摇动 1 次，确保不出现沉淀。精液运输及保存过程中，尽量避免剧烈运动，温度尽量保持在 18—20℃之间，避免温差过大、阳光直射、接触酒精等消毒药品的情况发生。

实训操作

- 猪的人工授精。

项目四　猪的常见传染病及防控

※ 学习目标

- 了解猪场的消毒与生物隔离措施。
- 了解猪的常见传染病类型。

※ 学习重点

- 掌握猪常见传染病的防控措施。

任务一　猪场消毒

猪场消毒包括养殖前场地圈舍的消毒、养殖过程中的消毒、出栏后场地圈舍的冲洗消毒；消毒对象包括猪舍、饲料库房、进出人员、车辆、环境等。在此仅对猪舍消毒、养殖过程中的消毒，环境消毒加以叙述。

小提示

▶ 做好消毒前的准备：为保证消毒效果，消毒前必须清扫冲洗干净圈舍的积粪、垃圾等，晾干待消毒。

▶ 消毒药的选择：不同消毒对象应选择不同消毒剂，最好选择广谱、高效、低毒、便宜的消毒药品。

▶ 消毒方法的选择：消毒方法很多，最常用的有喷雾法、熏蒸法、紫外线消毒法。

养殖前猪舍的消毒

▶ 用生石灰乳沿场地泼洒，或用 2%—10% 烧碱液喷洒等，以对屋顶、四周墙体、地面喷湿后保持 2 小时不干燥为宜，保持一周，再用清水冲洗干净，便可开始养殖。

▶ 对于封闭性较好的猪舍，采用熏蒸消毒结合喷雾消毒的效果较为理想。通常先喷雾消毒，再用高锰酸钾与甲醛混合熏蒸。

养殖过程中的消毒

养殖过程中，一般都是带猪消毒，选择的药品必须低毒、刺激性小，主要药品有过硫酸氢钾、过氧乙酸、次氯酸、茂二醛、高锰酸钾等，按说明书要求的稀释比例稀释后进行喷雾。

环境的消毒

环境消毒多用泼洒、喷雾方式，主要的消毒药品有生石灰、含氯消毒剂、烧碱等。

任务二　猪常见传染病的诊治及防控

・猪传染性胃肠炎

（1）病源　主要因冠状病毒、轮状病毒感染引起，所有猪都易感染，但成年猪感染后很少表现症状或症状较轻，刚出生的乳猪感染后，治疗效果很差，死亡率非常高。

（2）症状　乳猪以精神沉郁、嗜睡、呕吐、拉稀为主要特征，最后因脱水、消瘦而死亡。

（3）治疗 及时隔离，做好消毒，以补液、增加营养、抗菌、止泻为主要治疗方案，主要药品有葡萄糖生理盐水、庆大霉素、新霉素、氟苯尼考等，通常治疗效果较差。

（4）预防 该病以预防为主，母猪产前45天及15天可接种疫苗在后海穴分别注射猪腹泻三联苗可使仔猪取得较好的预防效果。

·猪伪狂犬病

（1）病源 是由伪狂犬病毒引起的一种发热性猪传染病，所有猪都易感，以母猪感染对养殖的损失最大。

（2）症状 仔猪感染后出现高热（41℃左右），呕吐，咳嗽，打喷嚏，兴奋不安，共济失调，全身肌肉痉挛、抽搐，四肢划动等症状。

妊娠母猪感染后出现流产、死胎或产木乃伊胎，产弱仔，其中，以产木乃伊胎最为严重，产出的弱仔多在2—3天内死亡。

（3）预防 该病以预防为主，可接种疫苗，初产母猪在配种前免疫注射两次，经产母猪在配种前免疫注射1次，仔猪出生后，10天内免疫注射1次。

（4）治疗 氟苯尼考、盐酸克拉霉素、替米考星等药物有一定治疗效果。

·猪丹毒

（1）病原 是由猪丹毒杆菌引起的一种急性、热性传染病。

（2）临床症状 生猪发病后表现为精神沉郁，少吃或不吃，眼结膜发绀，水肿等，1 周左右体表出现蓝紫色斑块（俗称打火印）。慢性型体温在 41℃以上，急性型可达 42℃以上。

（3）病理变化 脾脏充血肿胀，切面有隆起；淋巴结充血肿大，呈紫红色；肾充血肿大，呈暗红色。

（4）治疗 可选用药物以青霉素、头孢菌素、恩诺沙星、磺胺等抗菌药为主，配合使用地塞米松、氨乃近等解热抗炎药物，可取得较好效果。

（5）预防 注射猪丹毒疫苗，每 4 个月注射 1 次。

·猪肺疫

（1）病原 是由巴氏杆菌引起的一种以肺部感染为主的发热性传染病。

(2) 症状 病猪体温升高到41—42℃，食欲废绝，呼吸极度困难，心跳急速，可视黏膜发绀，皮肤出现紫红斑，咽喉部和颈部发热、红肿、坚硬，严重者延至耳根、胸前。

(3) 预防 注射猪肺疫疫苗，每4个月注射1次。

(4) 治疗 可选用药物以青霉素、头孢菌素、恩诺沙星、磺胺等抗菌药为主，配合使用地塞米松，氨乃近等解热抗炎药物，可取得较好效果。

·仔猪副伤寒

(1) 病原 是由沙门菌引起的针对仔猪的一种传染病，以冬春之交及秋冬之交的寒冷天气最易发生，2—4月龄仔猪多见。

(2) 症状 急性表现为败血症，慢性表现为坏死性肠炎。急性（败血）型多见于断奶前后（2—4月龄）的仔猪，病猪体温升高（41—42℃），拒食，耳根、胸前、腹下等处皮肤出现瘀血紫斑，耳尖干性坏疽；后期见下痢、呼吸困难、咳嗽，病程进展快，死亡率高。

(3) 预防 注射仔猪副伤寒疫苗。

(4) 治疗 可选用药物以庆大霉素、阿米卡星、3—

4代头孢菌素、恩诺沙星、磺胺等抗菌药为主，配合使用地塞米松、安乃近等解热抗炎药物，可取得较好效果。

·仔猪黄白痢

（1）病原 是由大肠杆菌引起的一种以仔猪拉稀为主要特征的疾病。

（2）症状 黄痢临床表现为仔猪拉水样稀粪，黄色或灰黄色，含凝乳小片和小气泡。白痢临床表现为仔猪突然拉稀，同窝相继发病，粪便腥臭呈糊状。

（3）预防 注射仔猪黄白痢疫苗。

（4）治疗 可选用庆大霉素、阿米卡星、3—4代头孢菌素、恩诺沙星、磺胺等抗菌药，配合使用地塞米松、安乃近等解热抗炎药物，可取得较好效果。

实训操作

- 给猪场消毒。
- 练习疫苗注射。

· 4 ·

实用养鸡技术

项目一　鸡场建场

※ 学习目标

▶ 掌握鸡场场址选择的主要要求。

▶ 了解圈舍、笼具的种类。

▶ 掌握常见饲喂与饮水设备的使用方法。

※ 学习重点

▶ 了解鸡场选址的原则和要求。

▶ 饲喂设备的识别和实操。

任务一　鸡场择址和鸡舍、笼具

·鸡场择址

鸡场的选址不仅关系到鸡场的经营和发展，而且还关系到环保、防疫等问题。鸡场场址选择主要考虑以下几个方面。

▸ 鸡场应选在地势较高、背风向阳的地方。

▸ 鸡场应选在地形开阔、干燥平坦、排水良好的地方。

▸ 鸡场应选在便于卫生防疫、远离主要交通要道的地方。

▸ 鸡场应选在水源充足，水质符合饮用水卫生标准的水源的地方。

▸ 鸡场应选在交通便利，靠近饲料来源地，便于物料运输的地方。

（a）　（b）　（c）　（d）　（e）

图 4-1 鸡场环境

从种类来看，鸡的养殖主要分为肉鸡、蛋鸡、种鸡养殖；从饲养方式上分为地面散养、室内网上平养和室内笼养等。

·鸡舍

根据鸡的生长阶段和种类，可将鸡舍分为：育雏鸡舍、育成鸡舍、蛋鸡舍、肉鸡舍、种鸡舍和核心鸡舍等。

根据鸡舍结构可分为：开放式鸡舍和密闭式鸡舍。开放式鸡舍采用自然通风，主要适合气候温和的地区；密闭式鸡舍采用强制人工通风换气和温度湿度控制，为大型养殖企业采用。

对于气候温和的农村，所养鸡不多，圈舍可以因陋就简，达到防暑、防水、通风、便于消毒等即可，可以利用老旧房、牛圈、猪圈加以改造，以便节约资金。常见的鸡圈有如下几种。

（1）开放式地面平养鸡舍 较为简易，在普通地面或山间、林下建立，有宽阔的运动场地，鸡舍只有框架、屋顶，四周敞开。

（a）　　　　（b）

图 4-2 开放鸡舍

（2）简易式网上平养鸡舍　包括各种简易的棚舍、空闲房屋。

图 4-3 简易式鸡舍

（3）全封闭笼养鸡舍

图 4-4 全封闭笼养鸡舍

· 笼具

简易的鸡笼一般可用木条、板子、竹子、角钢、铁丝网等材料自行制作，经济条件许可的情况下，也可直接购买家禽专用笼具。常见的鸡笼有以下式样可供参考选择。

（a）

（b）

（c）

（d）

（e）

图 4-5 常见鸡笼

任务二　鸡的饲喂与饮水设备

・食槽

（1）简易食槽　可用木板、竹子、镀锌板或PVC管等制作简易食槽，注意规格要按鸡而定，大鸡用大槽，小鸡用小槽，切忌大小一律。食槽设计与规格不合理是饲料浪费的原因之一。常用简易食槽有下面两种。

图4-6 PVC管简易食槽

图4-7 木板简易食槽

（2）长形食槽　用木板、竹筒或PVC管加工制作而成。鸡舍圆木棒与食槽之间留有5—10cm左右的空隙，方便鸡头伸出采食。

（3）吊桶式圆形食槽　这种食槽由一个没有底的料桶和一个圆槽形浅盘组成，两部分用短链相连，通过调节桶与盘之间的距离控制出料量。颗粒料与干粉料均可使用这种食槽。使用时将饲料装入桶内，悬挂起来供鸡采食。一般食槽的上缘与鸡的背部应在同一条水平线上，以方便鸡采食。

图 4-8 吊桶式圆形食槽

·饮水器

充足而清洁的饮用水对保持鸡群健康意义重大。要想获得高产，就应该十分重视鸡的饮水问题。饮水器的形式也要根据鸡的大小和饲养方式而定，各种饮水器均应具有清洁、不漏、可阻止鸡进入水槽和便于洗刷消毒的特点。现将目前常用的几种饮水器分别介绍如下。

（1）塔形真空饮水器　这种饮水器上部为尖顶的圆桶，下部为一个圆盘。圆桶的顶部为尖顶，是为了不让鸡站在上面，圆桶的顶部和侧壁一定不能漏气。底盘的大小应根据鸡的大小而定，原则是只能让鸡喝到水而不能让鸡站入水中。这种饮水器结构简单，使用方便，便于清洗消毒。

图 4-9 塔形真空饮水器

（2）自流式饮水器 这种饮水器由控水总成、配重壶、外壳、软管等组成，上面与供水管相连。水少时，饮水器轻，弹簧可顶开进水阀门，水就流出；当重量达到一定限度时，水就中止。这种饮水器适用于规模化的平面散养鸡群。

图 4-10 自流式饮水器

实训操作

▶ 参观考察本地优秀的鸡场并给鸡喂食。

项目二　常见的鸡品种与饲养技术

※ 学习目标

▶ 了解蛋鸡、肉鸡、土鸡的常见品种及外貌特征。

▶ 掌握蛋鸡、肉鸡、土鸡饲养的相关知识。

※ 学习重点

▶ 熟悉常见鸡品种的主要特性。

▶ 掌握蛋鸡、肉鸡、土鸡的饲养技术。

任务一　常见蛋鸡品种与饲养技术

· 常见的蛋鸡品种

白来航鸡

白来航鸡原产于意大利，羽毛为白色，多为单冠，蛋壳颜色纯白，公鸡的冠厚而直立，母鸡冠较薄且倒向一侧，喙、胫、趾和皮肤均为黄色。白来航鸡的性情活泼好动，无抱窝性，产蛋量高，年产蛋可达 300 个左右，成年公鸡重 2.5kg 左右，母鸡约 2kg，平均蛋重 54—60g。

图 4-11 白来航鸡

京粉蛋鸡

京粉系列蛋鸡是北京峪口禽业培育的一种高产蛋鸡品种。以京粉 1 号、京粉 6 号蛋鸡较为常见。京粉蛋鸡兼具了红羽蛋鸡产蛋率高、性情温顺、不啄肛、抵抗力强等特性。京粉蛋鸡采食量小，年产蛋 280—320 个，平均蛋重 62g。

图 4-12 京粉 1 号蛋鸡

图 4-13 京粉 6 号蛋鸡

长顺绿壳蛋鸡

长顺绿壳蛋鸡体型紧凑，结构匀称，羽毛紧密，背部平直，皮肤为白色或黑色，喙平直，虹彩橘黄色，耳叶红色或黑色，胫、爪黑色。成年公鸡平均体重为2kg，成年母鸡平均体重为1.75kg。长顺绿壳蛋鸡在农户散养条件下，165—195日龄开产，年产蛋120—150个，平均蛋重51.76g。蛋壳墨绿色，厚而致密，野外产蛋，破损极少。

图 4-14 长顺绿壳蛋鸡及鸡蛋

· 蛋鸡饲养技术

育雏期管理

（1）做好育雏舍消毒 鸡苗进舍前先对育雏舍进行消毒，首先用高压水枪对育雏舍地面、四周、顶棚进行冲洗，待舍内干燥后，用高锰酸钾熏蒸或用消毒水对地面及四周进行彻底消毒。

（2）清洗饲喂及饮水器具 首先将饲喂、饮水器具用清水洗净、晾干，再用消毒灵溶液对饲喂器具进行消毒。

（3）严格执行防疫制度 育雏期内，按照免疫程序按时做好鸡新城疫、法氏囊及鸡痘等传染病的预防接种，预防传染病的发生。

（4）合理光照 在整个育雏、育成期内，光照制度是否合理直接关系到鸡群的性成熟。在育雏期的头 3 天，宜采用 23—24 小时光照，以利于出壳后的雏鸡适应环境、认食和饮水，以后逐渐减少光照的时间。

（5）清洁卫生 每天进行两次鸡粪清理，定期对鸡舍进行消毒，切实做好防蚊、防虫、防鼠等工作。

育成期管理

（1）做好转群前后的工作 首先要对育成鸡舍及设备进行清洗和消毒。笼养时要将料槽和水槽调到适宜的高度。育雏舍内事先要进行带鸡消毒并将病、弱、残鸡挑选出来再转群。地面平养鸡舍要事先铺好垫料。冬季转群时，如果育成鸡舍气温过低，应准备好取暖设备并将鸡舍升温至所需的标准。转群时要避开雨雪天，冬天选择晴朗的中午，夏天选择凉爽的早晚。转群时，在清点鸡数的同时把强、弱鸡分开管理。弱雏不能换料，继续喂育雏料，至体重达标后再换料。因环境的改变发生啄斗时，要尽快将受伤的鸡隔离。

（2）控制蛋鸡体重 喂料时做到定时、保质、定量，防止鸡群过肥，影响产蛋量。在进行限制采食量喂养时，一定要提供足够的食槽，保证全群鸡都能同时吃上料，避免摄食不均造成的体重不均。

（3）合理光照 鸡群下蛋后要延长蛋鸡的光照时间，以每星期增加 30—60 分钟为宜，但最长光照不得超过 16 个小时。

产蛋期管理

- 防止噪音，减少鸡群应激反应的发生。
- 注意通风换气，保证圈内空气清新。
- 饲料要保质保量，不能随意断料、断水。
- 产蛋期间不得在饲料中添加国家禁止的药物。

任务二 常见肉鸡品种与饲养技术

·常见型肉鸡品种

三黄鸡

三黄鸡原产于广东省惠阳地区。该鸡毛黄、脚黄、皮黄，有胡须，被称为三黄胡须鸡。它具有矮脚、早熟易肥、骨软皮薄、胸肌发达、肉质好等特点。成年公鸡体重 2—2.5kg，母鸡 1.5—2kg。5—6 月龄开始产蛋，年产蛋 100—120 个，蛋壳颜色为褐色。

图 4-15 三黄鸡

北京油鸡

北京油鸡原产于北京德胜门外一带。凤头、毛胫、有胡须、黄腿、黄肤为其主要外貌特征。其性情温顺、适应性强、肉质丰满，肉味鲜美，是鸡肉中的上品。成年公鸡体重为2—2.5kg，母鸡体重1.5—2kg。母鸡7月龄开产，年产蛋110个，平均蛋重58g，蛋壳褐色。

图4-16 北京油鸡

桃源鸡

桃源鸡原产于湖南省桃源县，是一个优良的地方肉鸡品种。该鸡体形硕大，羽毛颜色多样。公鸡黄红色，母鸡多为黄色。单冠、白皮肤，喙、脚多为青灰色，肉质鲜嫩，肌间脂肪丰富。成年公鸡体重4—4.5kg，母鸡3—3.5kg。195—225日龄开产，年平均产蛋数100—120个，蛋重55g，蛋壳淡棕色或淡棕黄色。

图4-17 桃源鸡

浦东鸡

该鸡是由上海农科院畜牧兽医研究所育成的肉用鸡品种。其羽毛黄色或黄麻色，体型较大，成年公鸡体重4.5—5kg，母鸡体重3—3.5kg。一般母鸡184日龄开产，入舍母鸡年产蛋177个左右，平均蛋重60.5g，蛋壳为浅褐色。此鸡作肉用仔鸡饲养时，70日龄平均重1.82kg，料肉比为2.83:1，肉质鲜美。

图 4-18 浦东鸡

河田鸡

河田鸡原产于福建省，是优良的肉用型地方品种，以肉嫩、肉味鲜美而驰名，是我国出口的主要鸡种之一。河田鸡有黄羽、黄喙、黄脚等特征，成鸡公鸡平均体重2kg，母鸡体重1.5kg，年平均产蛋100个，蛋重50g，蛋壳褐色。

图 4-19 河田鸡

艾维茵肉鸡

该鸡是美国艾维茵国际家禽公司育成的配套杂交鸡，全身羽毛白色，体躯呈椭圆形。该鸡具有生长速度快、饲料转化率高、抗病力强等特点，母鸡年产蛋 190 个左右。商品代肉鸡 6 周龄体重可达 2kg，耗料增重比为 1.85:1。

图 4-20 艾维茵肉鸡

狄高黄羽肉鸡

该鸡是澳大利亚狄高公司培育的配套杂交鸡。此鸡羽毛黄麻色，其商品代肉鸡雏可根据羽毛生长速度鉴别雌雄。父母代入舍母鸡产蛋数 191 个，22 周龄母鸡体重约 3kg。商品代肉鸡 6 周龄体重可达 2kg，耗料增重比为 1.9:1。

图 4-21 狄高黄羽肉鸡

·肉鸡的饲养技术

育雏前的准备

1. 温度

如有条件，接雏前可先将育雏室温度升高到 35—37℃，温度过低极易造成鸡苗挤堆而死。

2. 湿度

购买一个湿度计，将湿度控制在 55%—65% 范围内。

3. 消毒

育雏室清扫冲洗干净后，用高锰酸钾和福尔马林密闭熏蒸消毒 2 天以上，再打开门窗通风换气。所有用具用二氧化氯溶液清洗消毒、干燥后，方可接雏入室。

4. 水桶、料桶的准备

以 50 只鸡一只料桶和一只水桶的比例准备。做好这项工作可减少劳动力数量和劳动强度。

5. 药品、疫苗准备

准备诺氟沙星、环丙沙星、恩诺沙星、泰乐菌素、禽用多维、二氧化氯、二氯异氰尿酸钠消毒粉等。疫苗：新城疫疫苗、禽流感疫苗、法氏囊疫苗、传染性支气管炎疫苗、鸡痘苗、传染性喉气管炎疫苗等疫苗。

育雏及饲养技术

1. 温度

温度是育雏成败的关键，温度设置以鸡苗能自然散开为标准。鸡苗进舍前，先将育雏舍温度升高至 35℃以上，预热 24 小时。鸡苗进舍后不要立即将鸡苗放开，而是将鸡苗与运输盒一起放在育雏舍内 2 小时左右，让小鸡适应育雏舍温度。两小时后，再将鸡苗从运输盒中拿出，拿出的同时，要将弱苗、残苗剔除，单独饲喂，这样能保证鸡苗的成活率和均匀度。一般第一周由 35℃逐步调节到 33℃，第二周再逐步下调至 30℃，直到三周后脱温。每天的温度要相对稳定，不能忽高忽低。

2. 湿度

育雏室内应控制湿度在55%—65%，育雏室内湿度过大，将造成病菌滋生；室内湿度过低，将造成鸡苗脱水，羽毛发育不良，同时易患呼吸道疾病。

3. 光照

0—2日龄可24小时光照，帮助鸡苗适应环境，3日龄以后逐渐减少光照时数。育雏光照原则为光照时间只能减少，不能增加，以免鸡苗性成熟过早，影响其以后生产性能的发挥。

4. 饮水

育雏第一周饲喂温开水，其中加入防治肠道性疾病的药物，如环丙沙星、诺氟沙星、大蒜素等药以及增强免疫机能的多种维生素、葡萄糖等。除非是防疫需要，饮用水一般不间断提供，并且每天要清洗两次饮水器具。注意：鸡苗第一次饮水时，应先让其在育雏舍内休息1—2小时，第一次饮的水中应加入禽用多维、葡萄糖、环丙沙星，这样可增加鸡苗的成活率。

5. 开食

雏鸡在育雏舍内饮水2—4小时后，约70%的鸡苗有啄食迹象，即可开食。开食常用雏鸡开食料，要求粗蛋白不低于22%，也可用碎玉米、小米等，每天投喂6

次。一周后改为每天喂4—5次，少喂勤添，要定人定时，并培养条件反射。

6. 密度

雏鸡的饲养密度，一般0—4周龄，25—35只/m^2；5—7周龄，20—25只/m^2。饲养密度与雏鸡的正常发育和健康均有关系。密度过大，会造成室内空气污浊，使卫生条件变差，鸡群拥挤，采食不均，发育不整齐，易发生啄癖和感染疾病。密度过小，房屋和设备利用低，育雏成本高，同时也难保温。

7. 通风

室内空气要新鲜，如氨气味太浓，要立即更换垫料并通风。但通风不能影响保温，可在晴天的中午温度高时，逐渐调整通风口大小，通风1—2小时，通风时风不能直接吹到鸡身上，条件允许的情况下可以加装抽风机。

8. 疫苗

严格按照不同鸡的免疫程序接种相应的疫苗。

9. 饲料

按肉鸡营养要求进行调配，条件允许的情况下，可直接用饲料厂生产的各阶段饲料进行饲喂。1—21日龄使用肉小鸡配合饲料510，18—30日龄使用肉中鸡配合饲料511，28日龄以上使用肉中鸡配合饲料512或上市前7

天使用 513。

10. 出笼

根据市场需求，及时将符合上市要求的肉鸡出笼，提高肉鸡的耗料增重比，减少饲料浪费，使经济效益最大化。

任务三　常见土鸡品种与饲养技术

· 常见土鸡品种

（1）赤水乌骨鸡　赤水乌骨鸡体形较大，单冠平头，胸宽体深，背腰平长，腿脚较高，身体结构匀称。羽色以黑色和黑红色为主，杂色次之，白色较少。母鸡多为纯黑色；公鸡的颈部、背部和镰羽多带红色羽丝，尾部羽毛油黑带墨绿色光泽。喙、冠、肉垂、耳叶、胫、爪均为乌黑色，皮乌、骨乌。部分鸡的肌肉、内脏膜和腹脂膜也为乌黑色。在经过生态放养 4 个月后，成年公鸡平均体重可达 2.5kg，母鸡平均体重达 2kg。

图 4-22 赤水乌骨鸡

（2）罗甸土鸡 该鸡又称贵州本地鸡，脚杆较细，行动敏捷，具有耐粗饲料，觅食性、适应性、遗传性能稳定，抗病能力强等特点。其肉质细嫩，肉味鲜美，风味独特，十分可口。

图 4-23 罗甸土鸡

（3）瑶山鸡 该鸡又名瑶鸡，主产于贵州省。其身体结实，胫高，骨骼粗壮，结构匀称，胸宽深，背腰宽平，肌肉发育良好，喙、胫、爪为黑色。公鸡头大，单冠，5—6 个冠齿；冠、肉髯和耳叶大而红润；眼大有神，虹彩橘黄色。羽毛红黄色，颈、胸、背翅羽为红色，尾羽、主翼羽、副翼羽和腹羽黑色；母鸡头稍小，颈短，单冠，虹彩黄红色，羽毛多为麻黄色和麻黑色。肉细味鲜，营养丰富。

图 4-24 瑶山鸡

（4）乌蒙乌骨鸡 该鸡是贵州省的肉药兼用型鸡种。乌蒙乌骨鸡主产于云贵高原黔西北部乌蒙山区的毕节、大方、水城、织金、纳雍等地。乌蒙乌骨鸡是由毕节市畜牧兽医科学研究所利用本地乌骨土鸡为素材，从1993年起经过20年优选提纯，培育而成的地方优质品种，被选入国家家禽志目录。乌蒙乌骨鸡最大特点是富含锌、硒等微量元素，是中国鸡种中难得的珍品。

该品种体形中等，公鸡体大雄壮，母鸡稍小紧凑。多为单冠，公鸡冠大耸立，个别有偏冠，冠齿7—9个，肉髯薄而长；母鸡冠呈细锯齿状。羽色以黑麻色、黄麻色为主，少数为白色、黄色和灰色。

图4-25 乌蒙乌骨鸡

（5）威宁鸡 威宁鸡骨骼粗壮，结构匀称，体质结实，羽毛紧密。公鸡单冠直立，冠齿5—7个，羽毛红黄色，颈、胸、背、翅羽棕红色，主翼羽、副翼羽、腹羽和尾羽黑色，腿高粗壮；母鸡体稍长，背腰宽平，单冠间有凤头，少数有玫瑰冠，肉髯和耳叶大而红润，眼大有神，虹彩橘黄色，喙粗短、黑色。羽色以黄麻色居多，黑麻色次之，少数有黑色和杂花色。

图 4-26 威宁鸡

(6) 黔东南小香鸡 该鸡为贵州省黔东南苗族侗族自治州特产，全国农产品地理标志产品。黔东南小香鸡抗病力强，觅食能力强，适应性好，饲养成本低，耐粗饲。放养的黔东南小香鸡个体矮小，肌肉紧实，肉质细嫩，肉味鲜美。黔东南小香鸡有药用功效，是产妇、久病体虚者的滋补品 。

图 4-27 黔东南小香鸡

(7) 贵州矮脚鸡 该鸡主要分布于贵州省兴义市。

其体躯匀称，羽毛松软。公鸡为红黄色羽毛，主副翼羽和腹、尾羽为黑翠绿色，单冠，虹彩橘黄色，喙短，背宽平，尾翘；母鸡以黄麻色为主，白色、黑麻色次之，喙、胫、爪为黑色，少数杂有黄色，胫短，整个身体似匍匐地面。

图 4-28 贵州矮脚鸡

・土鸡放养技术

（a）　（b）

图 4-29 土鸡放养

土鸡放养前准备工作

（1）饲料和胃肠的锻炼 放养前三周，有意识地在育雏饲料中添加一定的青草和青菜，有条件的还可添加一定的动物性饲料，特别是蝇蛆、蚯蚓、黄粉虫等，使小鸡的胃肠道得到锻炼，添加要由少到多，杜绝一次性添加过多造成消化不良，引起腹泻。

(2) 温度的锻炼 在育雏后期，应逐渐降低育雏室的温度，使小鸡逐渐适应舍外的气候条件，适当进行较低温度和小范围变温锻炼，这样有利于提高放养初期的成活率。

(3) 管理 注意调教，以形成条件反射。

(4) 抗应激 放养前和放养的最初几天，由于转群、脱温、环境变化等影响，会出现一定应激反应，小鸡免疫力下降，为避免放养后出现应激性疾病，可在饲料中加入维生素 C 或复合维生素。

放养季节

放养的基本原则是气候稳定、气温适中、有可食资源。一般是在清明以后放养为宜，此时气温稳定，野草萌发，有利于小鸡的存活。

放养场地准备

根据鸡群大小，应准备足够的放养场地，全天候放养时，要有可饲牧草，如菊苣、白菜、青菜、红苕叶、莴苣菜、牛皮菜、甜象草、紫花苜蓿等。如果放养场地没有牧草，可从其他地方获取后投入放养场地。放养场地应有能紧急避雨和避阳的地方，所以要修建鸡舍。

放养

刚放养时，鸡苗太小，不应放入高出鸡背的草丛中。放养补料时，要培养补食条件反射，以利于收拢鸡群。

调教

调教是在特定的环境下给予特殊信号或指令让其逐渐形成条件反射或产生习惯行为。调教得好，可起到事半功倍作用，通常用以下两种方式进行调教。

（1）饮食和饮水调教 调教前让鸡有一定饥饿感，然后一边给予信号（口哨或叫笛），一边撒料（让鸡能看到撒料），让鸡在视角和听觉上有双重感应，加速条件反射的形成，每天反复，一般3天就可形成条件反射。

（2）归巢调教 傍晚前，在放养地远处查看是否仍有鸡在采食，用信号引导小鸡回巢。如有个别鸡在外露宿，应将其抓回，并破坏露宿地。第二天在晚些时候再将其放出采食，傍晚去检查是否还在外露宿，如此多次，便可让其按时归巢。

兽害防治

主要防黄鼠狼、老鹰、蛇、猫、狗等具有攻击性的动物。

定期驱虫

放养鸡接触地面，容易污染饲料、饮水、土地，使虫卵“接力传染”，所以放养鸡应定期进行驱虫。老的放养鸡场的小鸡饲料中需添加抗球虫药，并实行轮换用药以防止耐药性的产生。在60日龄时用盐酸左旋咪唑10mg/kg体重驱虫，间隔两个月驱虫一次。在90日龄时用丙硫苯咪唑10mg/kg体重混入饲料一次驱绦虫。

实训操作

- 观察常见鸡品种的外形特征。
- 介绍蛋鸡、肉鸡、土鸡在饲养上的区别。

项目三　常见鸡疾病防控技术

※ 学习目标

▶ 了解常用的疫苗名称及其使用方式。

▶ 掌握鸡瘟、鸡白痢等常见疾病的诊断与防治。

※ 学习重点

▶ 掌握鸡常见疾病的防治方法。

任务一　鸡场消毒与鸡的免疫

免疫主要根据当地疫情及母源抗体情况，按程序免疫鸡马立克氏病、鸡新城疫、传染性法氏囊炎、传染性支气管炎等疫病。同时要注意卫生工作，要做到勤除粪、勤更换或添加垫料、勤消毒放养场所。

表 4-1 家禽免疫程序及注意事项

免疫日龄	疫苗名称	疫苗用量	免疫方法	注意事项
5 日龄	新支流油苗	0.3mL	颈皮下注射。	饮用水中添加（禽用多维）。
	新支二联	1.5 头份	点眼。	生理盐水或专用稀释液（疫苗伴侣）稀释。
12 日龄	法氏囊 + 新支二联	1.5 头份	点眼、滴口。	生理盐水或专用稀释液（疫苗伴侣）稀释。
	H5 油苗 + 泰乐菌素	0.3mL	颈皮下注射。	饮用水中添加维生素 C。
	鸡痘苗	1 头份	针刺翅根。	生理盐水或专用稀释液（疫苗伴侣）稀释。
25 日龄	新城疫 4 系或克隆 30	3 头份	饮水。	禁止疫苗水接触金属类容器，1 小时内饮完。
28—30 日龄	断喙（剪嘴）	提前一天投喂消炎、止血、抗应激药物，连喂三天。		
32 日龄	传喉苗	1 头份	点眼。	第二天投喂消炎药、抗应激药物、阿莫西林、维生素 C，连喂 3 天。
40 日龄	新支流 +H5 油苗 + 泰乐菌素	0.6mL	翅根肌注。	提前 1 天投喂抗应激药、红霉素，连喂 4 天。
60 日龄	克隆 30	6 头份	饮水。	清洗水壶，前后 3 天不消毒，1 小时内饮完。
85—90 日龄	克隆 31	7 头份	饮水。	禁止疫苗水接触金属类容器，1 小时内饮完。

任务二 鸡常见疾病的诊治与防控

· 鸡新城疫

鸡新城疫俗称“鸡瘟”，是由病毒引起的一种急性败血性传染病。本病一年四季均可发生，尤以寒冷和气候多变时多发。各种日龄的鸡均能感染，20—60 日龄鸡最易感，死亡率也最高。

（1）症状 病鸡精神沉郁，食欲减退或拒食，排出绿色或黄白色稀粪。口、鼻内有大量黏液，甩头时常见黏液流出。主要特征是呼吸困难，神经机能紊乱，黏膜和浆膜出血或坏死。

（2）防治 免疫预防是防治新城疫的重要措施，应根据本地区疫病的流行情况，以及本场的饲养方式及数量，选择合适的疫苗及适宜的免疫方法，制定合理的免疫程序并认真执行。具体方法为：雏鸡应用 IV 系苗，每只鸡 3—5 头份量进行滴鼻点眼；成年鸡可用 L 系苗进行喷雾或用 I 系苗进行肌肉注射。

（a） （b）

图 4-30 新城疫病鸡出现神经症状

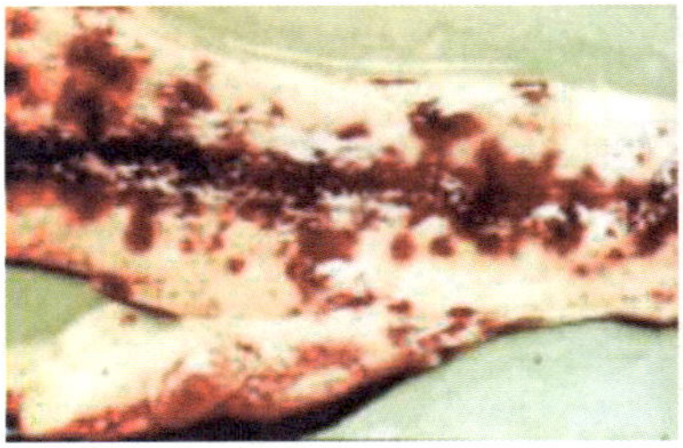

图 4-31 新城疫引起的鸡肠道出血

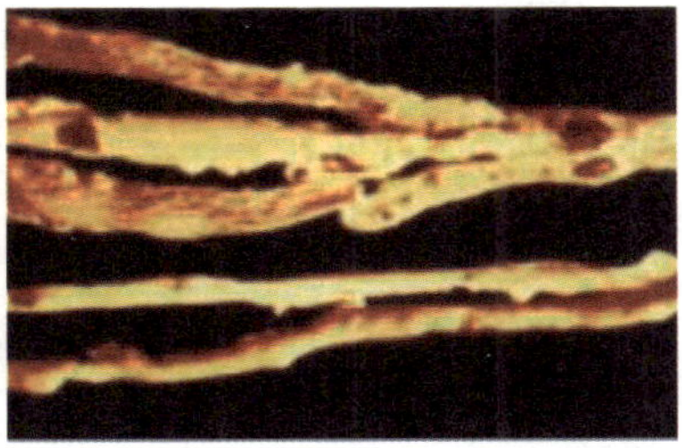

图 4-32 新城疫引起的鸡盲肠及扁桃体出血、肿大

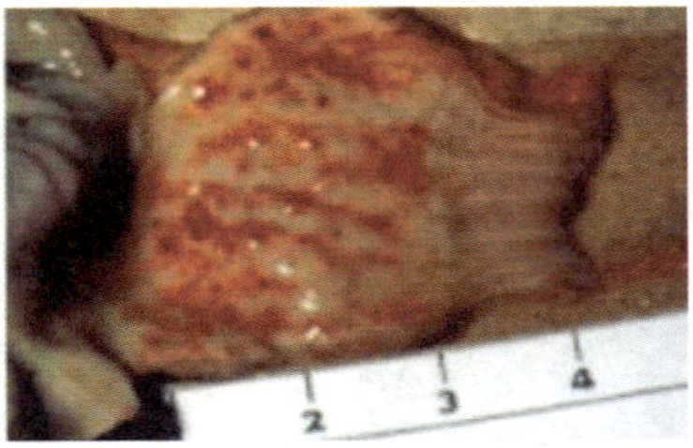

图 4-33 新城疫引起的鸡腺胃乳头出血、水肿

· 禽流感

禽流感是由 A 型流感病毒引起的禽类的一种从呼吸系统症状首发，继而全身性败血症的严重疾病。病鸡主要表现为精神萎顿、吃食减少、腹泻、产蛋量骤减、轻度到重度呼吸困难，重者往往导致死亡。

（1）症状 鸡发生禽流感的发病率和死亡率与感染毒株的毒力有关，同时还与鸡的日龄、性别、环境因素、饲养状况、疾病并发等情况有关。具有 H5 或 H7 亚型的禽流感病毒感染，往往伴有较高的死亡率。雏鸡和育成鸡感染极易继发大肠杆菌和败血霉形体感染，造成鸡只大量死亡。

（2）防治 由于禽流感的血清型较多且变异性很大，同时疫苗的使用能诱发病毒的突变。目前，世界上禽流感疫苗的应用并不广泛，多采用严格捕杀、彻底消毒的措施进行防治。禽流感的治疗目前没有特效的方法。

图 4-34 禽流感病鸡

图 4-35 禽流感可造成鸡只大量死亡

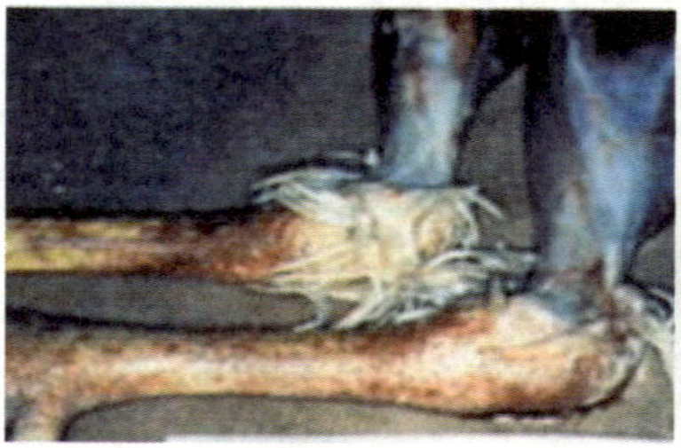

图 4-36 禽流感引起的鸡腿部鳞片下出血

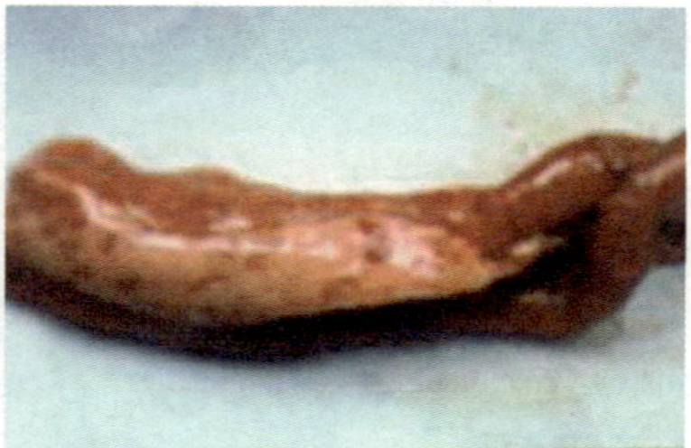

图 4-37 禽流感引起的鸡胰脏点状出血

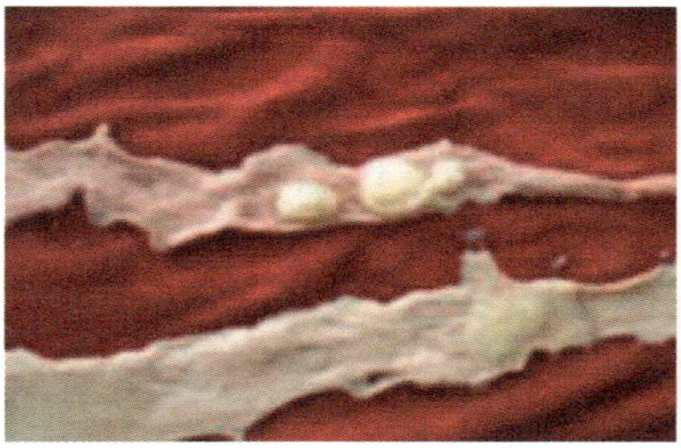
图 4-38 禽流感引起的鸡输卵管水肿和脓性分泌物

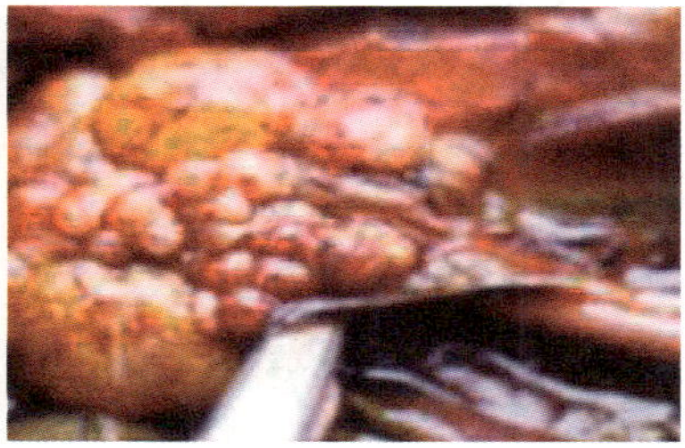
图 4-39 禽流感引起的鸡卵巢软化变形和出血

·鸡白痢

鸡白痢是由鸡白痢沙门氏菌引起的一种传染病，在各种日龄均可发生。病雏鸡通常表现为精神倦怠，排白色稀便；成年鸡则表现为慢性或隐性感染。本病一年四季均可发生。

（1）症状 病鸡精神萎靡、呆立、生长发育不良，排白色糨糊样粪便，污染肛门周围绒毛，甚至将肛门糊堵。

（2）防治 鸡场应做好鸡白痢的净化工作，雏鸡防治鸡白痢，应进行预防性投药，在进雏后，将抗菌药物添加于水中 3—5 天，可有效地减少雏鸡白痢的发生。

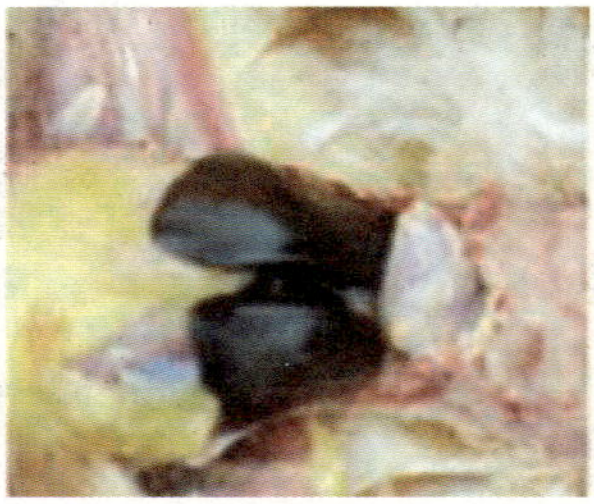
图 4-40 鸡白痢病鸡肝脏呈青铜色

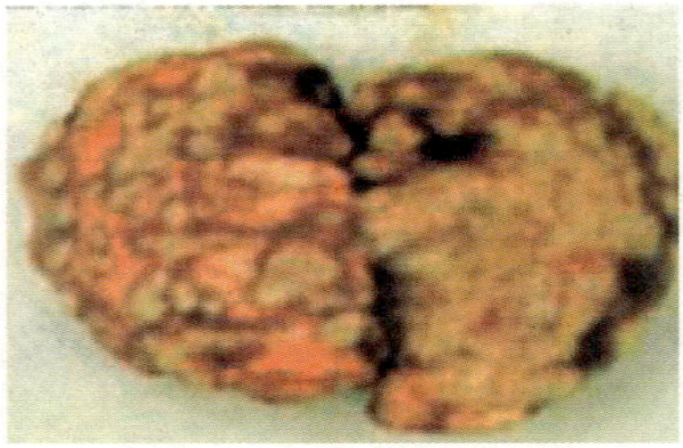
图 4-41 病鸡肺局灶坏死

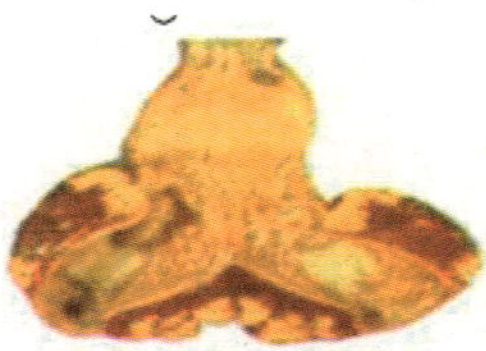
图 4-42 病鸡肌胃坏死

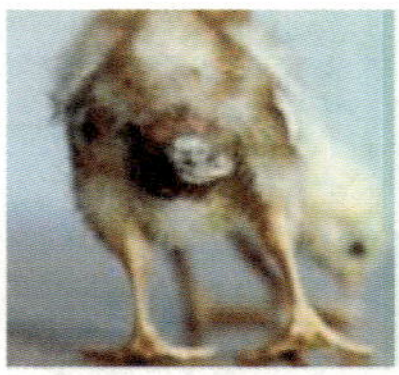
图 4-43 病鸡粪便污染肛门周围绒毛

图 4-44 病鸡白色糨糊样粪便

·鸡球虫病

鸡球虫病是由艾美耳属的多种球虫寄生在鸡肠黏膜内而引起的。其中寄生在盲肠黏膜上皮细胞内的柔嫩艾美耳球虫（又称盲肠球虫）的致病力最强，主要侵害3—5 周龄的雏鸡，另一种是侵害小肠黏膜的毒害艾美耳球虫，又称小肠型球虫。鸡球虫病是肉鸡生产中的常见多发病，一般多发于潮湿闷热的季节。

（1）症状 病鸡表现为精神不振，羽毛蓬松，排出带血的稀便，重者排血便，运动失调，贫血，鸡冠和面部苍白。

（2）防治 首先应做好环境卫生，处理好粪便。地面饲养的雏鸡，特别是肉鸡需不断添垫料，保持地面或垫草干燥。此病只能通过在饲料中添加抗球虫药来预防，目前常用的鸡球虫药有：地克珠利、氨丙林、氯苯胍、马杜拉霉素、克球粉等。鸡球虫对许多抗球虫药均容易产生抗药性，应轮换给药。

图 4-45 小肠球虫致病鸡肠道内大量出血

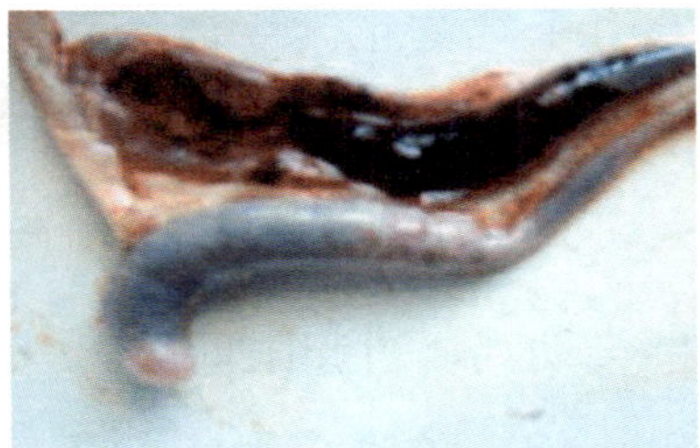

图 4-46 盲肠球虫致病鸡盲肠内被血块充满

· 鸡大肠杆菌病

鸡大肠杆菌病是由致病性大肠杆菌引起的一种常见多发病，其中包括多种病型且复杂多样，是目前危害养鸡业的重要的细菌性疾病之一。

（1）症状 本病根据发病的年龄、侵害部位以及与其他疾病混合感染的不同情况而表现为不同的病型。临床常见的有以下几种。

▶ 雏鸡脐炎：感染发生于孵化过程中。病雏表现为腹部膨大，脐孔不闭合，周围皮肤呈褐色。

▶ 急性败血症：此大肠杆菌病可发生于任何年龄的鸡，多呈现急性经过，表现为病鸡精神萎靡，排出绿白色稀粪，可在短期内死亡。

▶ 气囊炎：6—9 周龄鸡为发病高峰，常由大肠杆菌与其他病原体（支原体、传染性支气管炎病毒）合并感染所致。

▶ 全眼球炎：鸡舍内空气中大肠杆菌含量过高，可感染幼鸡，引起眼球炎。

(2) 防治 本病的预防措施主要是搞好环境卫生，使禽舍通风良好，密度适当；选择刺激性小的消毒剂如过氧乙酸等进行带鸡喷雾消毒，以减少空气中的大肠杆菌含量；在饲料和饮用水中加入药物进行预防。

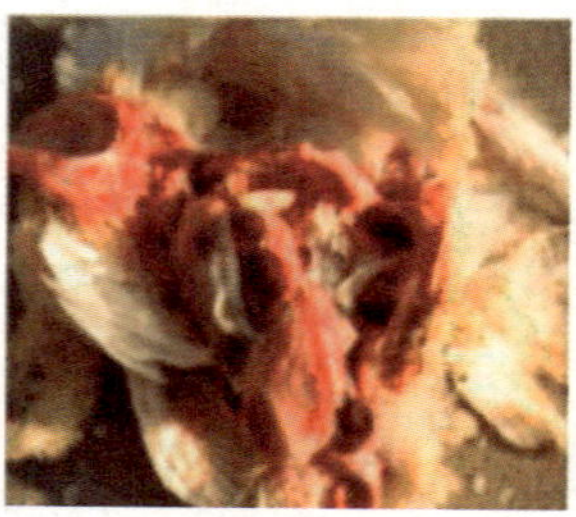

图 4-47 大肠杆菌病鸡的气囊内有干酪样物质

图 4-48 大肠杆菌病鸡的内脏表面发黑且有臭味

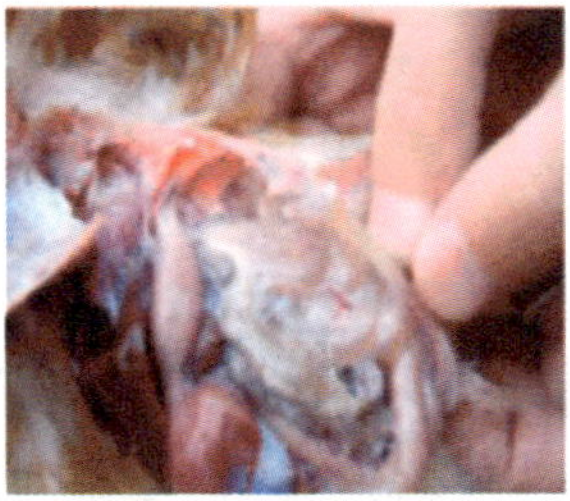

图 4-49 大肠杆菌病鸡的腹腔液内有许多泡沫

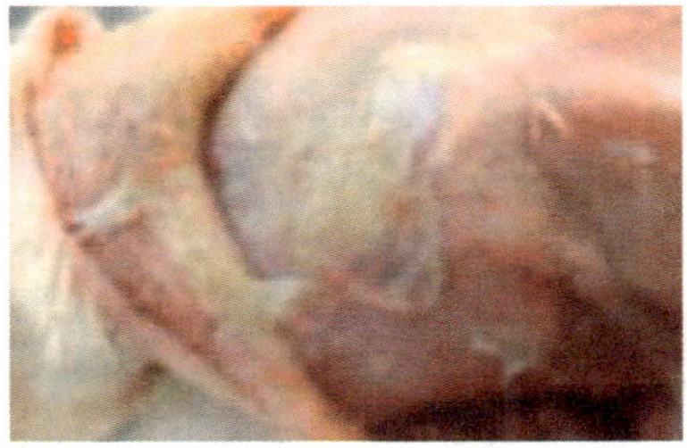

图 4-50 大肠杆菌病鸡的皮下有黄色干酪样物质

· 传染性支气管炎

鸡传染性支气管炎是由冠状病毒引起的一种急性、高接触性呼吸道传染病。本病只感染鸡，雏鸡易感性强，临床主要有以呼吸道症状为主和以肾病变为主的两种类型。主要传播途径是呼吸道。

（1）症状 以呼吸道症状为主的传染性支气管炎，表现为咳嗽、喷嚏、张口呼吸，病雏因呼吸困难而死。以肾病变为主的传染性支气管炎，是目前发生多、流行范围较广的疾病，临床表现为病鸡精神萎靡、排灰白色稀粪，早期有轻微呼吸道症状，后期因脱水而死。

（2）防治 加强雏鸡阶段的饲养管理，做好卫生消毒工作，减少过冷、过热、拥挤、通风不畅等诱发因素，对预防本病有极其重要的意义。

首次免疫可选用H120弱毒苗，二次免疫选用H52弱毒苗。预防肾型传染性支气管炎最好选用当地分离株的灭活疫苗或弱毒苗。

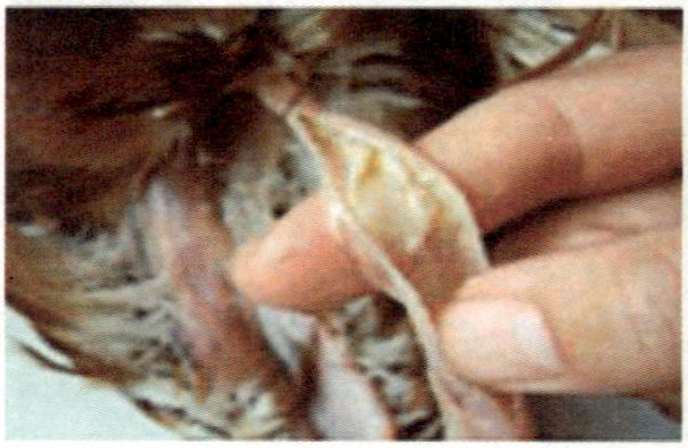

图4-51 传染性支气管炎病鸡的气管下端有纤维索样团块

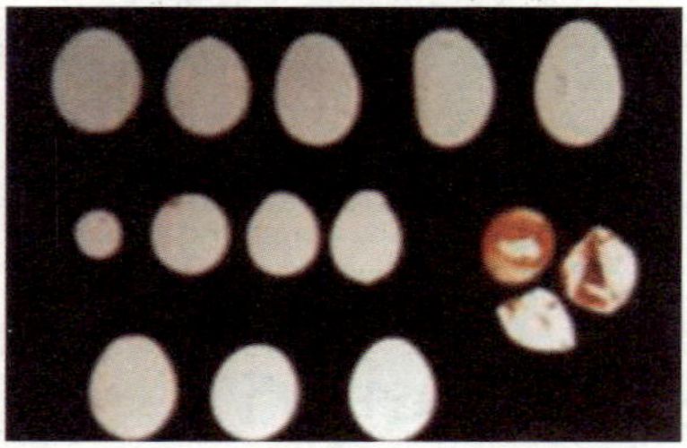

图4-52 传染性支气管炎病鸡所产的畸形蛋

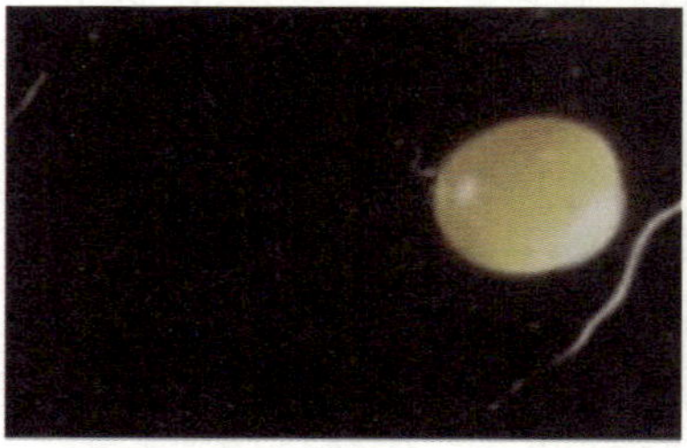

图4-53 传染性支气管炎病鸡所产的蛋的蛋白稀薄如水

图4-54 传染性支气管炎病鸡张口呼吸

·传染性喉气管炎

鸡传染性喉气管炎是由传染性喉气管炎病毒引起的一种急性、接触性上呼吸道传染病，其主要特征是呼吸困难、咳嗽和咳出含有血样的渗出物，病鸡死亡率在20%

以下。

（1）症状 病鸡初期有半透明状鼻液，流眼泪，伴有结膜炎；其后呼吸时发出湿性啰音，咳嗽，有喘鸣音。病鸡喜蹲伏地面或栖架上，有伸颈张口呼吸症状，严重病例，呼吸高度困难，咳嗽，在鸡笼上、地上、料槽等地方可见到血痰。

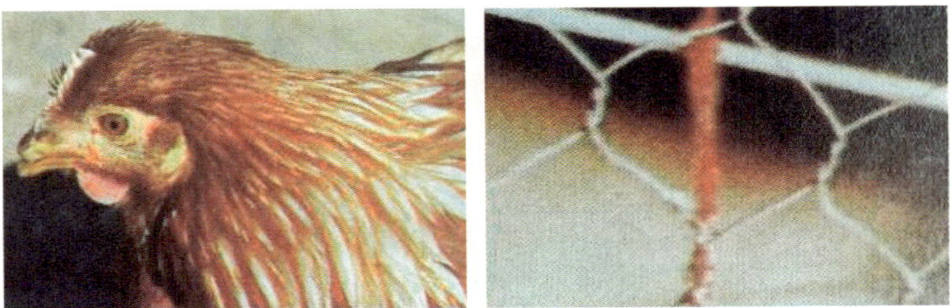

（a）　（b）

图 4-55 传染性喉气管炎病鸡有鼻液

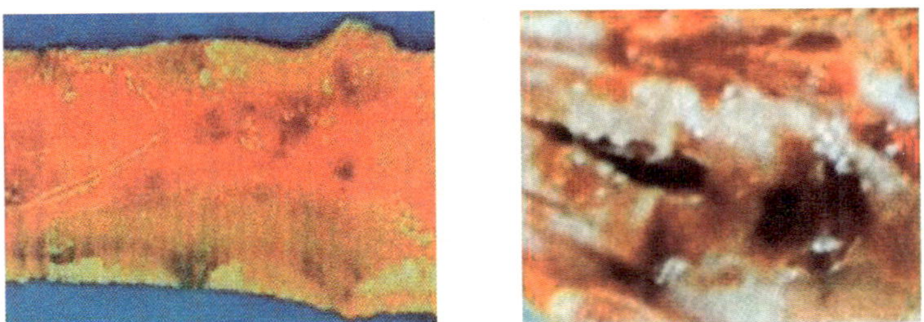

（a）　（b）

图 4-56 传染性喉气管炎病鸡血痰

（2）防治 本病目前没有治疗的特效药，只能严格按照家禽免疫程序认真做好免疫接种。用预防鸡传染性喉气管炎弱毒疫苗在鸡 30 日龄时点眼接种。

由于接种疫苗能使鸡带毒，本疫苗接种仅在该病流行地区使用，没有出现该病流行的地区，不建议接种。

·传染性法氏囊病

鸡传染性法氏囊病是由病毒引起的一种急性高接触性传染病。病原为传染性法氏囊病毒，鸡和火鸡均易感。病鸡或带毒鸡为传染源，经消化道、呼吸道感染。一年四季均可发生，以4—6月多发，发病率较高，死亡率达50%左右。

（1）症状 突然发病，病鸡腹泻、精神沉郁，法氏囊肿大、出血，肾肿大，肌肉出血。病死鸡脱水，皮下干燥，胸肌和两腿外侧肌肉出血，呈现涂刷状。法氏囊肿大、发黄，浆膜下水肿或出血。肾脏肿大、苍白，可见尿酸盐沉积。免疫器官法氏囊受损，使病鸡对各种病原体的易感性增强，导致其他免疫接种抑制，继发其他疫病，造成严重后果。

图 4-57 传染性法氏囊病鸡精神沉郁

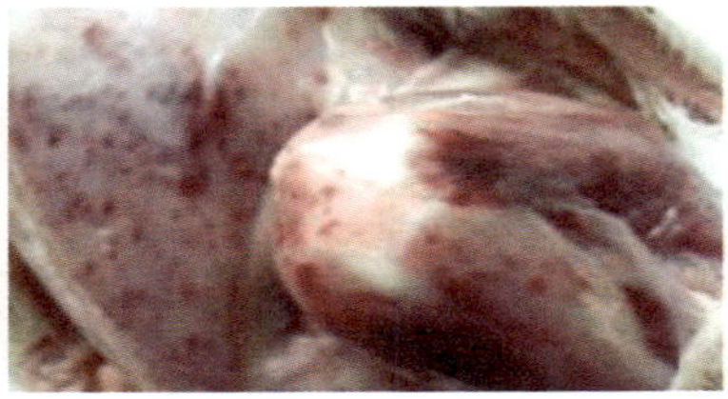

图 4-58 传染性法氏囊病鸡的肌肉严重出血

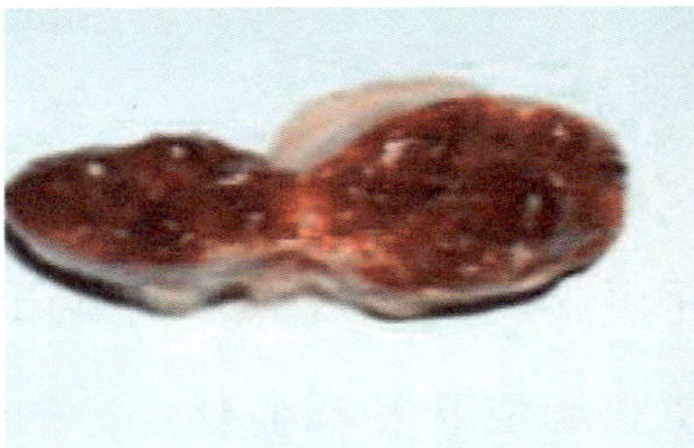

图 4-59 传染性法氏囊病鸡的法氏囊严重出血

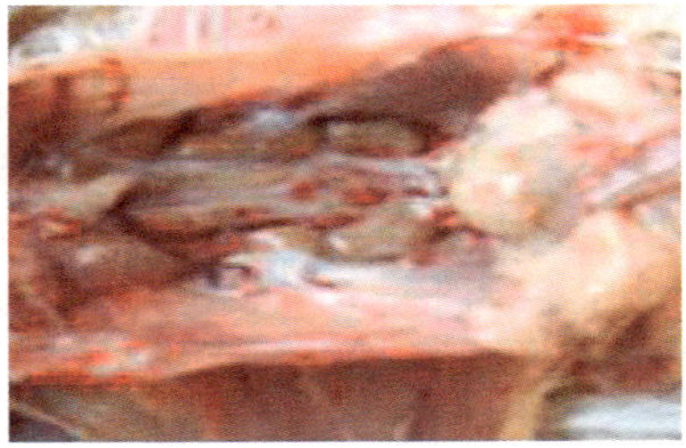

图 4-60 传染性法氏囊病鸡的肾脏肿大

（2）防治 雏鸡舍和患过本病的鸡舍应进行彻底消毒，消毒药以氯制剂、福尔马林和强碱消毒药效果较好。该病免疫程序的制订，应根据当地本病的流行特点、饲养条件、鸡群类型和鸡只的母源抗体水平来考虑，尤为关键的是确定首免日龄。在生产中可参考以下接种方案。

- 鸡群，12—14 日龄弱毒疫苗，饮用水中加入。24—26 日龄中等毒力疫苗，饮用水中加入。
- 可用高免血清或卵黄抗体治疗，每只鸡皮下注射 1mL，发病早期可用 2—4 倍弱毒疫苗进行免疫接种。

·体外寄生虫病

寄生虫病是威胁养鸡业的主要疾病之一。其中，体外寄生虫病容易被养殖户所忽视。常见的体外寄生虫主要有鸡虱和鸡螨虫。

▶ 鸡虱：鸡虱是鸡身上的一种细小寄生虫，一般寄生在鸡的羽毛中，专吃羽毛和皮屑。

▶ 鸡螨虫：鸡螨虫是鸡的皮肤表面或皮肤中寄生的螨虫，可导致鸡螨虫病，从而引起鸡慢性皮炎。鸡螨虫病可通过接触方式传染，能使鸡的皮肤剧烈瘙痒，并可引发各类型的皮炎。

（1）症状 病禽羽毛受损脱落、瘙痒不安、采食量下降、日渐消瘦、体重变轻、产蛋量降低，有的螨虫寄生在鸡脚杆上，会形成“石灰脚”。

（2）防治 将伊维菌素混于饲料中，病鸡按0.2mg/kg体重内服，每隔10天喂一次，连续饲喂三次。

▶ 用2.5%高效氯氰菊酯溶液，以60mg/kg浓度喷鸡体与鸡笼圈舍，每周一次，连用三次。

▶ 也可用百禽康虱螨必杀、特效鸡虱净或杀虫喷射剂等药物杀灭鸡虱和鸡螨虫。

实训操作

▶ 口述鸡常见疾病的防控措施。

· 5 ·

肉牛养殖技术

项目一　常见肉牛品种

※ 学习目标

▶ 掌握贵州常见的肉牛品种。

※ 学习重点

▶ 认识西门塔尔牛。

任务　掌握贵州常见的肉牛品种

· 肉牛品种概述

肉牛品种较多，常见的国内品种有鲁西黄牛、渤海黑牛、秦川牛、南阳牛、延边牛、蒙古牛等。常见的国外品种有利木赞牛、夏洛莱牛、安格斯牛、皮埃蒙特牛、西门塔尔牛等。在贵州地区，还有关岭牛、思南黄牛等本地牛品种。

西门塔尔牛

在贵州地区，肉牛饲养比较多的品种是西门塔尔牛，其产乳、产肉性能都较高，被誉为畜牧界的“全能牛”。其毛色为黄白花或淡红白花，头、尾、四肢及胫部为有色毛片，体型大，生长快。西门塔尔牛育肥期每天可以增重 1.5—2kg，满 12 个月龄的牛体重可达 500—550kg。

（a）

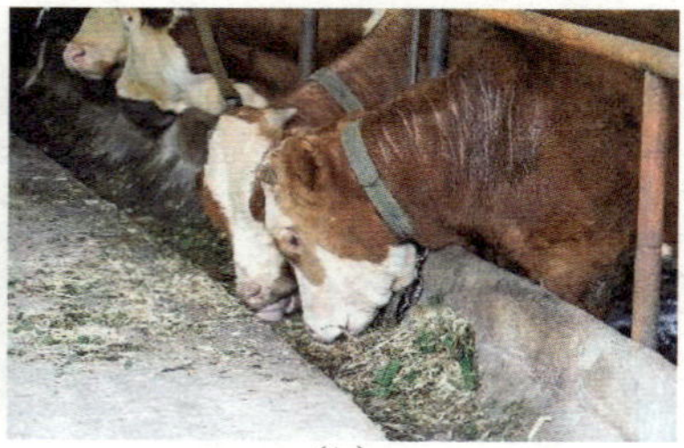
（b）

图 5-1 西门塔尔牛

安格斯牛

安格斯牛毛色全黑，又称“无角黑牛”。其体型矮，肉质好，出肉率高。

（a）

（b）

图 5-2 安格斯牛

夏洛莱牛

夏洛莱牛毛色为白色或乳白色，骨骼、四肢强壮，体型大，生长快，产肉量多。

（a）（b）

图 5-3 夏洛莱牛

贵州本地黄牛

贵州本地黄牛毛色为黄色，体型比一般肉牛小，本地适应能力强，易喂养。

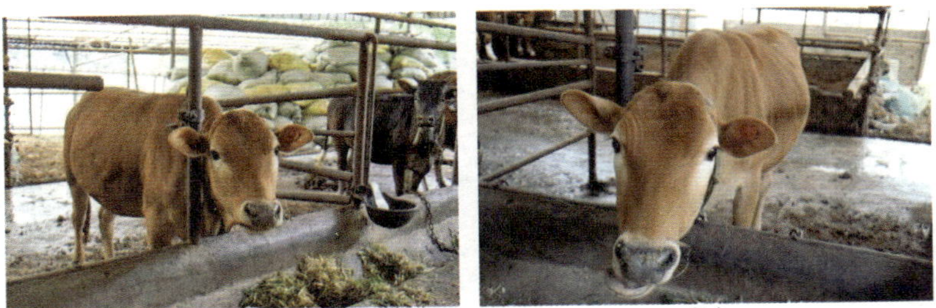

（a）（b）

图 5-4 贵州本地黄牛

实训操作

- 实地了解西门塔尔牛。

项目二　养牛场规划与建设

※ 学习目标

▶ 了解肉牛养殖的卫生设施。

▶ 了解养牛场各功能区及作用。

※ 学习重点

▶ 熟悉养牛场的规划与构造。

任务一　肉牛养殖的卫生设施

· 场界划分与各区域卫生防护

肉牛养殖场周围应建造较高的围墙，场内各功能区间设置较矮的围墙相隔，并保留足够的防疫间距。在肉牛养殖场大门、各功能区入口处设置相应的消毒区。

· 场内道路建设

▶ 场内道路的设置要遵循卫生防疫原则。场内牛舍、饲料间等功能区支路与主干道连接，主干道与场外运输道路要保持畅通。

▸ 运送粪便的道路、运送病牛或死牛的道路不能与其他功能区的道路交叉，更不能通用。

·肉牛养殖场供水设施

给水方式

（1）分散式给水 指各用水点的水源分散，各用水点在不同的井（河、湖、塘等）直接取水。

（2）集中式给水 各用水点共用一个水源，水通过管道分流输送到各用水点。

水源的净化和消毒

养殖场需建蓄水池，方便净化和消毒。

（1）净化 水池入口处设置过滤系统，可购置专业的过滤设备安装使用。

（2）消毒 在水池中加入液态氯、漂白粉等含氯的消毒剂，应严格按照产品说明书配比加入。

任务二　养牛场规划与构造

・规划原则

因地制宜，合理布局，能满足科学饲养、卫生防疫、环保高效等要求。

・养牛场功能区规划

功能区一般分为：生活区、管理区、生产区、粪尿污水处理区，各区域呈阶梯式分布最佳。

・牛舍的构造

从牛舍的建筑构造上，可以将牛舍分为单列式、双列式、多列式。

图 5-5 单列式牛舍

图 5-6 双列式牛舍

图 5-7 多列式牛舍

实训操作

▶ 参观本地优秀养牛场的各功能区。

项目三　西门塔尔种牛的选购

※ 学习目标

- 掌握西门塔尔种牛的代数区分。
- 掌握种牛的过渡期饲养方法。

※ 学习重点

- 掌握种牛的过渡期饲养方法。

任务一　西门塔尔种牛的代数区分

· 西门塔尔种牛代数

西门塔尔种牛代数是根据杂交改良的次数来划分的。杂交改良一次的，叫作一代牛；杂交改良两次的，叫作二代牛；杂交改良三次的，叫作三代牛；杂交改良四次的，叫作四代牛。四代牛基本上就很接近纯种西门塔尔牛了。西门塔尔种牛改良的代数越多，品种就越纯，饲养效益就越好，生长速度就越快，出肉率就越高。一般选种时，最好选择三代或四代牛。

·西门塔尔种牛各代特征

（1）一代　头上有白色毛花，身上全黄或浅红。

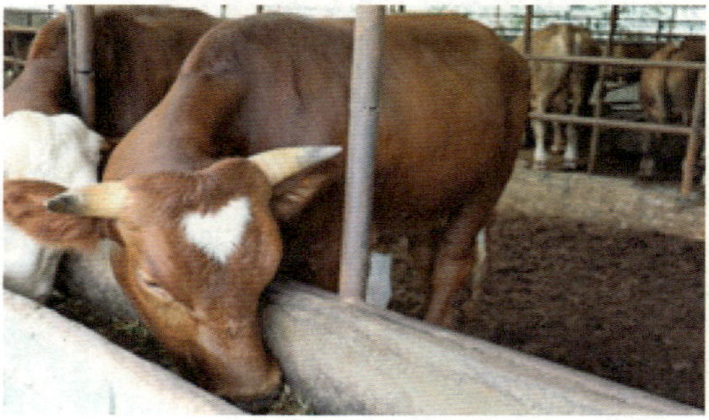

图 5-8 一代西门塔尔种牛

（2）二代　白色毛花穿过鼻梁，头顶白毛面积增大，从额头对穿过鼻梁，直到嘴巴。

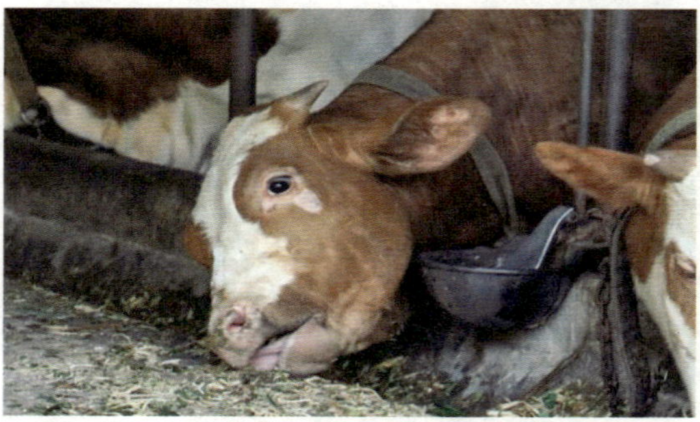

图 5-9 二代西门塔尔种牛

（3）三代　头全白，红眼圈，身上有大面积的白色毛花，四蹄变白。

图 5-10 三代西门塔尔种牛

(4) 四代 毛色与三代相近，红眼圈消失，尾巴也有白色毛花。

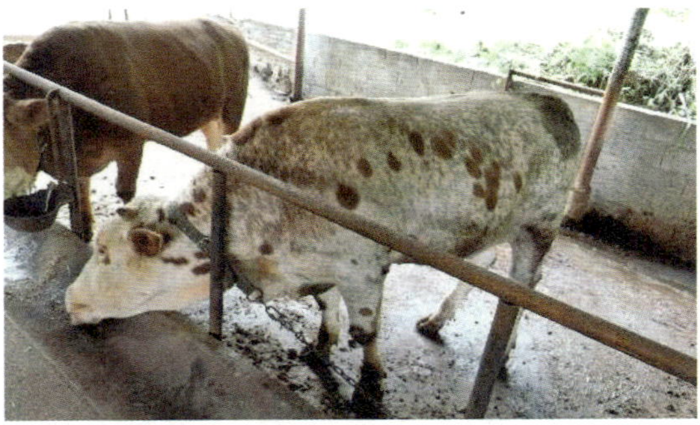

图 5-11 四代西门塔尔种牛

任务二 种牛的过渡期饲养

刚买进的种牛由于环境变化，新旧主人的饲养条件、饲料选用的不同，加上经过运输，比较疲乏等原因，需要时间过渡，才能进行正常的饲喂。

・应急处理

▸ 进场后的种牛四小时内不能饮水和吃料。可灌服适量的姜水、糖水。

▸ 让种牛活动四小时后，再饮水、投料，一般饲喂适量干草。

▸ 进行健康检查，挑出弱牛隔离饲养，做好记录。发现牛患病，就近联系畜牧疫病防治部门，加强治疗，以尽快恢复牛的体能。

・过渡期饲养

▸ 过渡期饲养要坚持少喂原则，前 3 天只喂干草，每天饲喂正常日粮的一半，后续可自由采食，第 4—5 天开始饲喂精料，从 250g 起步投放，以后逐步增加次数和投放量。过渡期间应少喂青贮饲料，不饲喂沼渣类饲料。

▸ 适当把牛赶到自由活动区，使其加强运动，加快牛的体能恢复和与环境的适应。

▸ 过渡期一般为 15 天到一个月，具体视引进种牛对新环境的适应情况而定。经过过渡期的饲养之后，种牛就可以进入日常的饲养管理了。

实训操作

▶ 口述种牛过渡期的饲养步骤。

项目四　肉牛日常饲料配制

※ 学习目标

▶ 能识别饲料原料和配合饲料。

▶ 能分类保管、使用饲料。

※ 学习重点

▶ 掌握饲料原料和配合饲料的保存和使用方法。

任务一　饲料原料和配合饲料种类

·肉牛常用饲料原料

天然草场和人工草场的优质牧草，各种农作物秸秆，玉米、豆饼、麸皮，青贮、青割草料，块根植物、甜菜渣、酒糟、菜籽饼，磷酸氢钙、氧化镁、食盐及其他微量元素，都属于肉牛常用的饲料原料。

·肉牛常见催肥饲料配方

肉牛育肥饲料配方有精料饲料配方和粗饲料配方，可根据肉牛的体重进行添加。

体重 300 公斤以下肉牛

▶ 精料配方：浓缩料 30%、玉米 50%、麦麸 12%、食盐 1%、小苏打 1%、氧化镁 1%、熟油饼 5%。精料配合好后按体重的 0.8% 左右添加。

▶ 粗饲料配方：青贮玉米秸或草料日喂 5—6kg，酒糟日喂 2.5—3kg，豆腐渣日喂 2.5kg。分两次喂养，每次喂养间隔 6 小时左右。

体重 300—400 公斤肉牛

▶ 精料配方跟 300 公斤以下肉牛基本相同，精料配好后按体重的 1% 左右添加。

▶ 粗饲料配方：青贮玉米秸或草料日喂 7.5—8.5kg，酒糟日喂 3—5kg，豆腐渣日喂 2.5—9kg。分两次喂养，每次喂养间隔 6 小时左右。根据肉牛实际情况，饲喂量上可适当做调配。

体重400公斤以上肉牛

▶ 精料配方：玉米60%—65%，豆粕和棉粕27%—33%，食盐1%，小苏打1%，油1%，激生肽长肉王0.1%—0.2%，肉牛预混料4%。精料按每头牛10斤左右饲喂，参照体重的1%左右添加。

▶ 粗饲料配方：青贮玉米秸日喂10kg，酒糟日喂7.5kg，豆腐渣日喂2.5kg。

▶ 根据实际情况调整饲料配方，视肉牛的长势及肥膘程度决定饲喂量。

任务二　肉牛饲料的贮存

・精饲料的贮藏方法

能量饲料

能量饲料包含玉米、小麦等，晾晒后去除杂质和灰尘，入库贮藏。料库应保持适宜的温度，一定要在20℃以下，相对湿度在65%以下。最好在料库内放置一定量的生石灰，可起到防潮吸潮的作用。

蛋白质饲料

蛋白质饲料一般指饼粕类的饲料，其优点是营养丰富、质地疏松；缺点是容易吸潮发霉，发生变质。在入库贮藏时，饲料与地面之间不要直接接触，要在饲料下面铺垫上 20cm 左右的谷壳，防止饲料的底部发霉。保持贮库通风，做好防霉、防潮的工作。

精饲料

贮藏精饲料时要注意密闭、避光、防潮，按照精饲料种类堆放在干燥、清洁、通风良好的隔潮板上，贮藏温度应控制在 28℃以下，湿度控制在 75% 以下。贮藏时间控制在 3 个月以内。

· 青干草的贮藏方法

散干草贮藏

应在含水量降至 15%—18% 后进行堆藏，贮藏的地点选择地势高、干燥的地方。将青干草堆成草垛，下层铺上约 30cm 厚的树枝、秸秆或砖块，草垛周围要挖排水沟。堆垛要求层层堆高、压实，从垛高的一半处开始逐渐放宽，垛顶要宽于垛底50cm，便于排水。

干草捆贮藏

主要采用露天堆垛，顶部加防护层。将青干草压缩成长方形或圆形草捆，再一层层堆放贮藏。底层应铺平，为了使草捆稳固，上下层之间的接缝要相互错开。从第二层开始设置通风道，双数层纵向通风，单数层横向通风，通风道的数量要根据草捆的含水量而定。堆垛的大小要视贮藏地点来定，堆垛完成后可在顶部用草帘或遮雨物覆盖。

半干草贮藏

牧草适时收割后，进行短期晾晒，在含水量在35%—40%时打捆，每捆加入浓度为25%的氨水，氨水用量为干草重量的1%—3%，堆垛后用塑料薄膜覆盖密封。处理时间根据温度来定，一般在25℃时至少需要21天。在贮藏过程中，注意检查和管理，要注意防止垛顶塌陷、漏雨以及垛基受潮。

· 青贮料的贮藏方法

青贮料可长期保存青绿多汁的营养特性，使适口性、营养都更好。

青贮窖的修建

青贮窖应建在地势高燥、土壤坚实、向阳的地方，是用砖、石、水泥砌成的一定长度和宽度的窖。

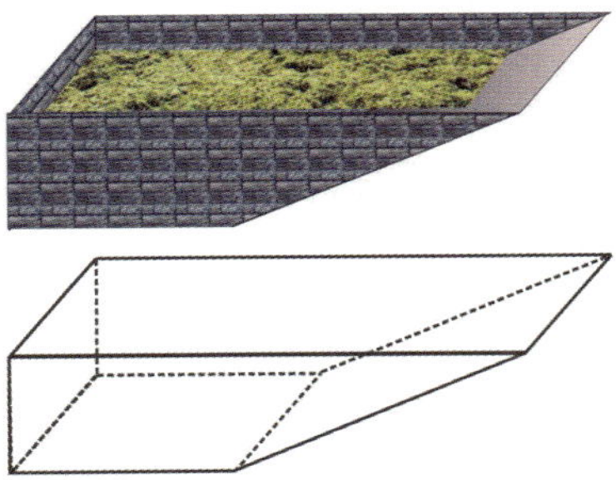

图 5-12 青贮窖示意图

青贮料的制作

（1）铡碎 将青料铡短成 1—2cm 的段，水分含量高的可稍长。

（2）装填 铡短青料及时装填。装填前窖底及窖壁四周铺塑料薄膜，防止漏气透水。先在窖底部填 10—

15cm 厚的干草，用于吸收青贮料的液汁。将青贮料逐层装入并踩实，每装 15—20cm 踩实一次。装填超过窖口 50cm 后，覆盖塑料薄膜，用土覆盖拍实。

开窖

完成后经过 40—60 天即可使用，青贮料要随取随用，取完料后要再次封闭贮藏，如此重复，一直到青贮料用完。在此期间要注意安全贮藏，防止青贮料发生霉变。

开窖或开池应选择气温较低、青草缺乏的季节，开窖前应将封窖的盖土和其他覆盖物清除干净，防止覆盖物混入青贮料中。每次取料后应及时盖严覆盖物，防止二次发酵。

实训操作

- 制作青贮料。

项目五　肉牛的饲养与管理

※ 学习目标

- 能清理、洗刷、使用喂饮器具。
- 能给犊牛喂乳、开食、补饲。
- 能给肉牛喂料、饮水。

※ 学习重点

- 掌握肉牛各生产阶段的饲养管理。

任务一　喂饮相关设备使用

· 饮水设备

肉牛用自动饮水器有鸭嘴式、杯式、乳头式等款式，目前普遍采用的是鸭嘴式自动饮水器。

图 5-13 鸭嘴式自动饮水器

·饲喂设备

肉牛养殖场一般采用固定饲槽，以水泥浇注在隔墙或隔栏的下面，一般做成通槽式。饲槽上宽 60—80cm，底宽 35cm 左右，呈凹陷弧形，槽内缘高 35cm（靠牛床一侧），外缘高 60—80cm。由过道添料，料滑向内侧，便于肉牛采食。

任务二　肉牛的饲养管理技术

·种公牛的饲养

营养需求

选择全价营养、适口性强、容易消化的饲料，多种配合，合理搭配精、粗、青饲料。

可参考以下推荐喂量：青、粗饲料按每100kg体重给予干草1—1.5kg，精饲料0.4—0.6kg，青贮料0.6—0.8kg，胡萝卜0.8—1.0kg。每牛全天的青粗饲料喂量控制在10—12kg，精饲料在5—6kg为宜。夏季饲喂青割草，每100kg体重可喂给2—3kg。采精旺期，每头种公牛每日可补喂鸡蛋0.4—0.5kg，或牛奶2—3kg，或鱼粉100—150g，钙补充剂每日给予100—150g，食盐每日给予70—80g。

种公牛的管理

（1）栓系 10—12月龄时穿鼻、戴鼻环。

（2）牵引 双绳牵引。

（3）运动 上、下午各使其运动一次，每次1.5—2小时，行程4km左右。

（4）刷拭 每日定时刷拭牛体，夏季还应给其淋浴。

（5）按摩睾丸 每日按摩睾丸1次，每次5—10分钟。

（6）护蹄 每年春秋季各修一次蹄。

·繁殖母牛的饲养管理

繁殖母牛的营养情况和饲养条件直接影响受胎率和犊牛断奶重，因此，在繁殖母牛的饲养过程中，饲料及饲养条件的控制尤为重要。

·妊娠母牛的饲养管理

放牧条件下饲养

（1）青草季节 延长放牧时间，可不补喂饲料。

（2）枯草季节 母牛分娩前的2—3个月，每天加喂0.5—1kg胡萝卜以补充维生素A，精料每头每天补喂0.8—1.1kg，精料配方以玉米50%、糠麸类10%、油饼类30%、高粱7%、石粉2%、食盐1%为宜。

舍饲条件下饲养

按以青、粗饲料为主，适当搭配精饲料的原则，参照饲养标准配合日粮。粗料若以玉米秸为主，要搭配1/3—1/2优质豆科牧草，再补饲饼粕类饲料，也可以用尿素代替部分蛋白质饲料。粗料若以麦秸为主，也必须搭配豆科牧草，另外补加混合精料1kg左右，其中玉米 270g、大麦 250g、饼类 200g、麸皮 250g、石粉 10—20g、食盐 10g。每头牛每天添加 1200—1600 国际单位的维生素 A。

饲养注意事项

▶ 禁喂棉籽饼、菜籽饼、酒糟等饲料，也不能喂冰冻、腐败、发霉饲料。

▶ 饮水温度不可低于 10℃。

▶ 饲喂顺序为：在精料和多汁饲料较少的情况下，可采用先粗后精的顺序饲喂，即先喂粗料，待牛吃半饱后，再在粗料中拌入部分精料或多汁料碎块，引诱牛多采食，最后把余下的精料全部投饲，吃净后下槽。

管理技术要点

▶ 怀孕牛应单独组群饲养，防止其挤撞、猛跑、踢打等。

▶ 若母牛出现流产征兆，可用黄体酮 1g 肌肉注射，每天 1 次，连用 4—6 天。

▶ 对怀孕母牛应当做必要的乳房按摩。晴天让牛多晒太阳、多运动。

·哺乳母牛的饲养管理

饲养

分娩最初几天：应饲喂易消化和适口性好的饲料，控制精饲料、青贮饲料、青绿饲料及块根茎饲料的饲喂。

▶ 分娩 1 周后：母牛恢复正常喂量。

▶ 分娩 3 周后：增加精料的用量，并提供优质粗饲料，并大量饲喂青绿、多汁饲料。

▶ 分娩 3 个月后：减少精料的用量。

管理技术要点

▶ 每天擦洗母牛乳房。

▶ 变换饲料时要有 7—10 天的过渡期。

·犊牛的饲养管理

犊牛的饲养

1. 早喂初乳

母牛分娩后 1 周以内分泌的乳汁叫初乳。初乳对犊牛提高免疫力具有很大的促进作用，是初生犊牛最好的营养品。

犊牛出生后应尽早喂初乳，且越早越好。第一次初乳的喂量不应过大，以防其消化系统紊乱。犊牛出生后几天，每天可按体重的1/5左右计算初乳的供应量，每天喂2－3次，且每次的喂量应大致相同。

2. 及时训练犊牛采食植物性饲料

（1）补喂干草 犊牛出生后1周即可开始训练其采食干草，方法是在牛槽或草架上放置优质的干草任其自由采食。

（2）补喂精料 犊牛生后10天左右就可以开始训练其采食精料。开始喂时，可将玉米、豆粕、高粱等精料磨成细粉并混以食盐等矿物质饲料，涂于犊牛口鼻处，教其舐食。最初几天的喂量为每天10—20g，几天后增加到每天100g左右，一段时间后，再饲喂混合好的湿拌料，湿拌料的喂量在犊牛2月龄后可增加到每天500g左右。

（3）补喂青绿多汁饲料 犊牛生后20天就可以在混合精料中加入切碎的胡萝卜、甜菜或幼嫩的青草等，最初几天每日加10—20g，到60天喂量可达每天1—1.5kg。

（4）喂青贮饲料 青贮饲料可以从犊牛60天时开始供给。最初每天可以供给100g，3月龄时每天可供给1.5—2kg。过早或过量饲喂有可能发生丁酸中毒。

犊牛管理的技术要点

（1）新生犊牛护理 新生犊牛要保持呼吸畅通，进行肚脐消毒。

（2）称重和编号

- 称重：犊牛出生后第一次哺乳前，应称重。
- 编号：通过耳标、电烙等方式编号。

（3）注意防寒、防暑、加强犊牛运动

（4）去角 用电烙法和苛性钠法。

（5）饮水 在冬季饮用温水，不能饮用冷水。

（6）刷拭 坚持每天刷拭皮肤1—2次。

（7）牛舍 保持犊牛舍通风、干燥、清洁、阳光充足。

·生长牛的饲养管理

生长发育特点

犊牛在6月龄断奶后，瘤胃及其他消化器官的发育已与成年牛相近，生长符合S曲线，即刚出生时，肉牛的生长比较慢，而后随着牛体的成熟，生长加速。当接近性成熟年龄时，生长变慢。达到性成熟后，生长基本停止。

生长牛的技术管理要点

（1）分群 按性别、年龄、体形、性情等分群、分圈饲养。

（2）驱虫 春秋两季各进行一次体内、体外驱虫。

（3）饮水 保证饮水。

（4）称重 每月或隔月称重。

任务三 肉牛的育肥技术

· 犊牛的育肥

犊牛育肥指犊牛生后至1周岁内出栏这段时间，用全乳、脱脂乳或代用乳、精料等饲喂犊牛，以生产出小牛肉和小白牛肉。

育肥犊牛的选择

（1）品种 选用优良的肉用品种、乳用品种、兼用品种或杂交牛犊。

（2）性别 最好是公犊。

（3）初生重 35kg 以上。

（4）体型和体况 头方大、前管围粗壮、蹄大、健康状况良好。

小牛肉的生产

（1）定义 小牛肉指牛初生后饲养至 1 周岁之内屠宰所产生的肉。

（2）小牛肉生产技术要点

- 犊牛出生后 3 日以内：吃足初乳。
- 3 日以后：人工哺乳。
- 1 月龄内：按体重的 8%—9% 喂给牛奶或代乳料。
- 1 月龄后：喂奶量保持不变，精料和青干草继续增加，直至育肥出栏。
- 精料：从 7—10 日龄开始训练采食。
- 精料配方：玉米 60%、油饼类 18%—20%、糠麸类 13%—15%、植物油脂类 3%、石粉或磷酸氢钙 2.5%、食盐 1.5%，混合精料中加适量抗生素、微量元素和维生素。

犊白牛肉的生产

（1）定义 犊白牛肉指犊牛出生后 14—16 周龄内，完全用全乳、脱脂乳或代用乳饲喂，不喂其他任何饲料，使其体重达到 100kg 左右屠宰所产生的肉。

（2）犊白牛肉生产技术要点 犊牛生后1周内，吃足初乳；然后将其与母牛分开，实行人工哺乳，每日喂3次。3月龄前的平均日增重必须达到0.7kg以上。

· 育成牛的育肥

持续育肥

犊牛断奶后就地转入育肥阶段进行育肥，或断奶后由专门化的育肥场收购，进行集中育肥。

1. 放牧加补饲持续肥育法

采用早出牧，午间在牧场休息，晚上在舍内补饲或在放牧场有食槽处补料的放牧方式。

补料量为体重的1%—1.5%。枯草季节，育肥牛每天每头补喂精料1—2kg。注意牛的休息和补盐，夏季要防暑。

2. 舍饲持续肥育法

（1）适应期 ①一般为1个月。让牛自由活动，充分饮水，少量饲喂优质青草或干草，精料由少到多逐渐增加喂量，进食1—2kg时，逐步更换为制定的育肥饲料。②适应期每天可喂酒糟5—10kg、切断的干草15—20kg（如喂青草，用量增3倍）、麸皮1—1.5kg、食盐30—35g。③如牛消化不良，则饲喂干酵母，每头每天20—30片。

如粪便干燥，则饲喂多种维生素，每头每天 2—2.5g。

（2）增肉期 ①一般为 7—8 个月，分前后两期。前期以粗料为主，精料每日每头 2kg 左右，后期粗料减半，精料增至每头 4kg 左右，同时让其自由采食青干草。②喂尿素时，要将其溶解在少量水中，再拌在酒糟或精料中喂给，切忌放在水中让牛直接饮用，以防中毒。

（3）催肥期 ①一般为 2 个月，日喂混合精料 4—5kg，以粗饲料为主。②可使用瘤胃素，每头每日用 200mg，混于精料中喂给效果更好。

架子牛育肥

利用牛的补偿生长能力，经短期育肥使肌肉和脂肪组织快速增长，从而达到屠宰体况的育肥方式。

1. 架子牛的选择

（1）品种 要以杂交牛品种为主，如西门塔尔、夏洛来、海福特或利木赞等纯种牛与本地牛的杂交后代。

（2）体貌特征 选择精神状态好，鼻镜湿润，眼大，双耳灵活，口四方，嘴叉大，胸深宽，背腰长、平、宽，膘情中等，体型高大，四肢粗壮，臀部后躯宽，被毛光亮，皮肤富有弹性，健康无病的牛。一般总结为：“耳朵蒲扇子（耳大），眼睛铜铃子（有神），嘴巴茶络子（嘴宽），肩头风篷子（宽），肚如甑皮子（如饭甑大），四蹄广钵子（蹄圆如钵），尾巴扫帚子（尾大多毛）。”

2. 架子牛的育肥

（1）育肥前期（适应期）的饲养 架子牛购回后让其安静适应2—3天后进行全面驱虫。保证架子牛充分饮水，多喂粗饲料（氨化秸秆和青贮饲料），少喂精料，以后逐步增加精料，减少粗饲料的喂量。该期大约需15天左右。饲喂方法为：让牛自由采食氨化秸秆或青贮秸秆，供应充足的饮用水，从第2天开始逐渐加喂精料，到前期结束时，精料应逐渐增加到每天2kg；或混合精料按体重的0.8%投给，平均每天1kg。

（2）育肥中期（过渡期）的饲养 该期选用全价、高效、高营养的饲料，让牛逐渐适应精料型日粮。但为防止由于精料过多而引发肉牛拉稀、酸中毒等疾病，此期不宜过长，通常为30天左右。

（3）育肥后期（突击催肥期）的饲养 该期大约需45天左右。饲养要点是：日粮以精料为主，精料用量可占整个日粮总量的70%—80%，并供给高能量（60%—70%）、低蛋白饲料（10%—20%），按每100公斤体重1.5—2公斤确定精料量，粗精料比例为1:2到1:3。适当增加饲喂次数，并保证饮用水供应充足。

·育肥期的管理

(1) 定槽位 定桩拴系的缰绳要短，一般为40—60cm，以减少运动从而促进其生长。

(2) 定时、定量 每天可饲喂2次或3次，要注意定时饲喂。先喂粗料后喂精料，或将精粗饲料充分混合饲喂。

(3) 驱虫健胃

- 体内驱虫：丙硫咪唑或盐酸左旋咪唑，空腹服。
- 体外驱虫：0.25净乳化剂对牛体擦涂。

(4) 健胃 驱虫三天健胃，口服人工盐60—100g或每头灌服健胃散350—450g。

(5) 称重 定期称重，及时调整日粮配方。

(6) 群养分群 按年龄、品种、体重、膘情分群。

(7) 刷拭 每天刷拭牛1—2次。

(8) 卫生防疫 虽然牛很少生病，但卫生防疫工作不可忽视。每天要打扫一遍圈舍，保持牛舍清洁卫生、空气新鲜，夏季要消灭蚊蝇。

实训操作

- 给犊牛喂乳、开食、补饲。
- 给肉牛喂料、饮水。
- 清理、洗刷喂饮器具。

项目六　肉牛疫病预防

※ 学习目标

- 能对牛粪及废弃物进行处理。
- 能区分健康牛与病牛。
- 能对常见的牛传染病、寄生虫病进行简单诊疗。

※ 学习重点

- 掌握各类牛传染病的症状与治疗方法。

任务一　牛粪及废弃物的处理与消除污染

·牛粪用作肥料

（1）土地还原法　把牛的粪尿作为肥料直接施入农田。

（2）腐熟堆肥法　①堆肥升温发酵，逐层堆积压紧，保持湿润，把肥堆封好即可；②维持高温腐熟，3—4个月后，堆肥可达半腐熟状态；③腐熟降温阶段，在6个月以后，堆肥完成腐熟。

(3) 菌体发酵法 常用EM、沼气菌等发酵除菌除臭。畜粪经沼气菌发酵分解后，约60%的碳素转变为沼气，而氮素转化为速效养分，肥效增高。

·粪便的生物能利用

利用沼气菌发酵粪便生产沼气，可以利用废弃的能源，同时除菌、除臭，减少污染。

·粪便用作饲料

粪便中含有大量的病原微生物，不能直接用作饲料，只有通过发酵等处理办法除菌、除臭、干燥后才能使用。处理过的牛粪可用作鸡、猪的饲料。

·减少排污

▶ 合理使用饲料添加剂，减少微量元素超标排放。

▶ 减少氮、磷排放，为了减少粪尿对环境的污染，许多经济发达国家采用各种方法降低饲料的蛋白质含量，提高蛋白质的利用率，以减少氨气的排出量。

任务二　肉牛常见传染病的诊治

・牛病毒性腹泻

牛病毒性腹泻属于二类传染病，由牛病毒性腹泻病毒引起。病牛的排泄物、血液、分泌物、脾脏等都含有病毒，可通过直接接触或间接接触方式传播。各种年龄的牛都易感，幼龄牛更容易感染。

（1）症状　在消化道和淋巴组织、口腔（口黏膜、齿龈、舌和硬腭）、咽部、鼻镜出现不规则烂斑、溃疡，以食道黏膜呈虫蚀样烂斑最典型。流产胎儿的口腔、食道、真胃及气管内有出血斑及溃疡。犊牛运动失调，严重的可见到小脑发育不全及两侧脑室积水。

（2）诊治　目前无特效的治疗方法，止泻和补液可减轻症状，促进病牛恢复。应及时对病牛采取检疫、隔离、净化、预防等兽医防治措施，及时联系当地畜禽防疫部门帮助诊治。

・牛出血性败血症（牛出败）

牛出血性败血症俗称“锁喉风”，是一种急性热性传染病。主要病因是牛吃了被污染的饲料和饮用水，或吸入含病菌的飞沫尘埃，或经外伤、昆虫叮咬等。有败血型、水肿型、肺炎型三种类型。

（1）败血型症状 病牛体温明显升高，达41—42℃。饮食明显减少，尿液量和排尿次数减少，粪便有恶臭味，24h内死亡率高达80%。

（2）水肿型症状 病牛颈下、耳后、腹部等位置有明显水肿。用手按压，病牛有疼痛感。病牛呼吸急促，有流涎现象，严重时窒息死亡。

（3）肺炎型症状 病牛咳嗽，呼吸困难，口腔、鼻腔流泡沫样黏液，腹泻严重，有血丝水样粪液。

（4）防治 春秋季节皮下注射牛出败氢氧化铝菌苗预防；治疗时应立即隔离病牛，用青霉素、头孢菌素和恩诺沙星等药物治疗；对发病牛舍和病牛活动的地方及用具都要用3%来苏水或5%的漂白粉、20%的热草木灰水、10%的石灰乳进行消毒，以控制传播。

· 传染性胸膜肺炎

传染性胸膜肺炎又称牛肺疫，是一种由丝状支原体丝状亚种引起的高度接触性传染病，以渗出性纤维素性肺炎和浆液纤维素性胸膜肺炎为特征。

（1）急性型症状 急性型症状明显而有特征性，病牛体温快速升高到40—42℃，呈稽留热，干咳，呼吸加快而有呻吟声，鼻孔扩张，前肢外展，呼吸极度困难；不愿行动或下卧，呈腹式呼吸；咳嗽逐渐频繁，常是带有疼痛的短咳，咳声弱而无力，低沉而潮湿；有时流出浆液性或脓性鼻液，视黏膜发绀；病牛体况迅速衰弱，眼球下陷，眼无神，呼吸更加困难，常因窒息而死。

（2）慢性型症状 多数由急性转来，也有开始即取慢性经过者。除体况消瘦，多数无明显症状。偶发干性短咳，叩诊胸部可能有实音区。消化机能紊乱，食欲反复无常，此种病牛在良好护理及妥善治疗下，可以逐渐恢复，但常成为带菌者。若病变区域广泛，则病牛日益衰弱，预后不良。

（3）治疗 使用抗菌药物如红霉素、泰乐菌素、沃尼妙林、恩诺沙星等治疗。在治疗过程中不能静脉输液，以免增加病牛肺部的压力，加重病情，导致病牛呼吸急促而窒息死亡。可以以口服补液盐代替，按3g/kg体重，加500mL温水灌服，每日2次，连用4天。同时，及时联系当地畜禽防疫部门帮助诊治。

任务三　常见寄生虫病的诊治

· 线虫病

牛线虫病是由多种寄生线虫寄生于牛体内引起的一类疾病的总称。包括犊新蛔虫病、血矛线虫病、长刺线虫病、牛口线虫病、牛网尾线虫病等。

（1）症状　细菌感染时有肠炎、血便。后期病牛臀部肌肉弛缓，四肢无力，站立不稳，大量线虫寄生于肠道内，可导致肠阻塞或肠穿孔。在粪便中可通过集卵法检出虫卵。

（2）诊治　①丙硫咪唑 20mg/kg 体重，灌服；②阿维菌素或伊维菌素系列药品，0.2mg/kg 体重，口服或皮下注射。同时，及时联系当地畜禽防疫部门帮助诊治。

· 牛绦虫病

牛带绦虫病是由牛带绦虫成虫寄生于牛体小肠引起的一种肠绦虫病，又称牛肉绦虫病、肥胖带绦虫病。

（1）症状　初期，牛的食欲下降，可于粪便中发现一些乳白色的似孕卵的节片。再过一段时间，便会有下痢情况出现。严重时，病牛呈现非常明显的贫血，眼结膜、乳房、口腔出现明显苍白。部分牛甚至会出现绝食的现象，遇到障碍容易倒地，病重的牛会昏迷而死。

（2）诊治 驱虫疗法，目前驱虫药物较多，可任选一种，经治疗后绝大多数病牛可迅速排虫而痊愈。①吡喹酮，对牛带绦虫与猪带绦虫均有良好的杀虫作用，为目前的首选药物；②阿苯达唑，为高效低毒的广谱驱虫药；③甲苯达唑，能抑制牛带绦虫摄取葡萄糖，使虫体因能量不足麻痹。甲苯达唑可完整驱出虫体，多数可找到头节，疗效良好；④氯硝柳胺，能抑制绦虫线粒体的氧化磷酸化作用。该药口服后不易吸收，在肠道中局部药物浓度较高，虫体头节在肠内被消化溶解；⑤甲苯咪唑，为广谱驱虫药物，服药后能排出完整虫体，多数能找到绦虫头节，疗效良好。同时，及时联系当地畜禽防疫部门帮助诊治。

·牛原虫病

牛原虫病是牛寄生虫病中的常见的一类，该类寄生虫主要寄生于牛的细胞中，会使牛出现临床症状，患病严重时可造成牛死亡，常见的牛原虫病有牛隐孢子虫病、牛弓形虫病、牛伊氏锥虫、牛泰勒虫病和牛球虫病。

牛隐孢子虫病

（1）症状 病牛主要症状表现为精神沉郁，食欲缺乏，消瘦，下痢或有软便，粪便淡黄色，带有大量纤维素和血液，体温有时升高，起立困难，死亡率16%—40%，病牛生长发育受阻。

（2）诊治 5%氨水及10%福尔马林对该虫卵有杀灭作用，可用于牛舍消毒，预防感染。对病牛没有特效药，建议用多粘霉素和呋喃西林治疗。

牛弓形虫病

（1）症状 牛弓形虫病是由弓形虫原虫所引起的人、畜共患疾病。家畜弓形体病多呈隐性感染；显性感染的临床特征是高热、呼吸困难、中枢神经机能障碍、早产和流产。

（2）诊治 磺胺嘧啶30mg/kg体重，加二甲氧苄氨嘧啶10mg/kg体重，一次静脉注射，2次/天，连用7天。氯苯胍，10mg/kg体重，一次口服，2次/天，连服5天。

牛伊氏锥虫病

（1）症状 牛可呈急性发作，体温升高至41℃以上，持续1—2天呈不定型热。病牛体力衰弱，流泪，卧地不起；慢性病牛为进行性贫血，四肢水肿；血液稀薄，胸前腹下皮下水肿及胶样浸润。

（2）诊治 ①纳嘎诺（拜耳205），每千克体重8—12mg，用生理盐水配成10%溶液，一次静脉注射；②安锥赛，每千克体重3—5mg，用纯化水配成10%溶液，一次皮下或肌肉注射；③贝尼尔（血虫净），每千克体重5—7mg，用纯化水配成5%溶液，肌肉注射，每天一次，连用2—3天。

牛泰勒虫病

（1）症状 病牛体温升高到40—41.8℃，为稽留热，4—10天内维持在41℃上下；少数病牛呈弛张热或间歇热。病牛随体温升高而表现为精神沉郁、行走无力、离群落后，个别病牛昏迷，卧地不起，脉弱而快，呼吸增数。眼结膜初期充血肿胀，后期黄染，布满绿豆大血斑。

（2）诊治 可选用三氮脒（贝尼尔），每千克体重5—7mg，用灭菌蒸馏水配成5%—7%浓度，肌肉注射，每日一次，3次为一疗程，疗效较好。磷酸伯氨喹啉，每千克体重0.75—1.5mg，灌服，每日一次，3次为一疗程。

牛球虫病

（1）症状 多发于两岁以内的犊牛，而且死亡率高。表现为食欲减退、精神沉郁，以出血性肠炎为主，在粪便表面有红色血液和血凝块。随着病情的发展，病牛表现为精神呆立、反刍停止、瘤胃蠕动差，排出带血稀粪便，有恶臭味。经过一周，病牛体温升高，粪便呈现黑色，因为贫血死亡。慢性感染者 3 到 5 天病情会好转，但是会持续腹泻和贫血，随着时间的推移，也会因为高度贫血而死亡。

（2）诊治 患上球虫病之后需要选择合适的药物进行治疗，常见的药物有磺胺类药物，例如磺胺二甲嘧啶、磺胺间甲氧嘧啶、磺胺喹啉等，可以抑制球虫的发展。磺胺二甲嘧啶每千克体重 0.1g，内服，每天一次，连用 3—7 天。若配合使用酞酰磺胺噻唑，每千克体重 0.18g 内服，效果更好。另外也可以选择林可霉素，每天每头牛 1g，混入饮用水中饮用，连用 21 天。对于病情严重者要考虑输血，并结合应用止泻、强心和补液等对症疗法。

当牛患上牛球虫病，要及时联系当地畜禽防疫部门帮助诊治。

·体外寄生虫病

牛疥癣病

牛疥癣主要是由疥癣虫寄生在牛的皮肤内引起的高度接触性传染病，病牛表现为啃咬、舌舔桩壁，擦桩，磨壁。该病可以使牛精神委顿，食欲减退，免疫力下降，抗病力减弱，增重和泌乳都受到影响。

（1）预防 购买牛时要仔细检查；饲养时，注意保持圈舍的干燥通风，对污染的圈舍、用具要彻底消毒；注意经常刷拭牛体，保持牛体清洁；定期给牛驱虫健胃。

（2）治疗 对于治疗牛疥癣有良好效果的药方有以下几种：①尹维菌素、雷公藤（又称黄落根、断肠草）干品 10g、硫磺 210g、樟脑 5—10g（冬季用 20—25g）、茶油 500mL、桐油 500mL、百草霜（锅底灰）250g、血余（人头发）适量。以上为水牛一次用量，黄牛酌减。先将硫磺、雷公藤分别研末，将头发放入茶油、桐油内混合煎熬至溶解，立即倒入瓶内，趁热加入樟脑、百草霜和雷公藤拌匀，待凉至 35—40℃时加入硫磺（不可加入太早，以免硫磺失效）搅匀。趁温涂擦牛体；②狼毒 500g、煅硫磺 90g、白胡椒 45g（炒），共研细末，加入烧开的 750mL 植物油内，候温涂牛患处；③ DDT 乳剂。

用1份纯DDT加入9份煤油作为A液，再用1份来苏儿加19份水作为B液。使用时两液混合充分振荡，涂擦患部，一般1次即愈，重症牛隔5—7天涂第2次。用药前1天，患牛要剪毛，刷去皮屑和痂皮，涂药要均匀（患部都要擦到）。用药后要给牛戴上“捂嘴”以免啃舔中毒，水牛不能下水。如有中毒症状要用温水洗去药物并对症治疗；④用烟叶或烟梗1份，加水20份煎煮1小时，用煎汁涂擦患处；⑤干净布条用柴油浸湿，拧干，在牛身上反复涂擦，每周1次，连续3次可愈；⑥硫磺500g，用棉籽油熬成软膏涂擦患部；⑦白藓皮、硫磺各50g，椿白皮5g，川花椒50g，苦参50g，枯矾150g，共研为细末。先用花椒25g、艾叶25g煎汤洗净皮肤鳞皮，再涂药粉；⑧乳香25g、枯矾100g、海螺玿150g、硫磺150g，研为细末。按患部面积取适量药粉，用二倍量的植物油烧热，加药稍煎。趁温热涂患部，每周1次。

牛皮蝇病

夏季晴朗无风的白天，雌蝇会飞向牛群，在牛身上产卵。牛皮蝇病对牛的健康主要有六大危害：第一，幼虫钻入牛皮肤时，会引起牛皮肤痛痒。第二，患处皮肤痛痒生痂，使牛烦躁不安。第三，当幼虫移行到背部皮下时，局部会发生硬肿，随后皮肤穿孔。这时可从皮肤穿孔处，挤出幼虫。幼虫寄生在食道时可引起浆膜发炎。第四，严重感染时，患牛消瘦，肉质低劣；犊牛感染则生长缓慢，易患贫血。第五，乳牛产奶量下降。第六，成蝇虽然不叮咬牛，但却能使牛惊恐不安、四处奔跑，或栖息高坡躲避，或停留河水中隐藏，日久使牛消瘦。

（1）预防 ①在流行地区，每逢成蝇活动的季节，可用2%—3%敌百虫水，对牛体进行喷洒，每隔10天喷洒1次，杀死成蝇或刚孵出的幼虫；②用倍硫磷杀虫，成年牛每头1.5mL，青年牛1—1.5mL，犊牛0.5—1mL，臀部肌肉注射。此方法对第1、2期幼虫的杀虫率可达95%以上。注射时间应选在每年的11月。

（2）治疗 ①蝇毒磷杀虫，剂量为10mg/kg，臀部肌肉注射；②乐果杀虫，用乐果配成50%的浓度，成年牛3—5mL，育成牛2—3mL，犊牛1—2mL，肌肉注射。对皮蝇的2、3期幼虫有明显杀虫效果。用药时间可在2月下旬至3月上旬；③用2%—3%敌百虫水溶液，涂擦牛体背部（犊牛为300mL）2—3分钟，经24小时后，大部分幼虫即被杀死。涂擦时间从3月中旬到5月底，每隔1个月涂擦1次，共涂抹2—3次，可基本达到防治目的。

牛虱病

牛虱可成为某些疾病如锥虫病的传播媒介。

(1) 症状 牛毛虱以毛和表皮鳞片为食，牛虱以血为食。寄生部位发痒，病牛因摩擦、啃咬患处而造成损伤。大量寄生时，病牛皮肤发炎、脱毛，严重病例形成痂皮。病牛不安、疲乏、消瘦。

(2) 防治 饲养牛的过程中，养牛户一定要注意牛虱病。牛虱病虽不是什么大病，但是一旦患牛虱病，就会影响牛的正常生活，提高疾病发生率，因此做好牛虱病的预防是非常有必要的。第一，对外来牲畜隔离检疫，发现有虱寄生，立即治疗。第二，刷拭用具要固定使用，牛舍要保持干燥清洁。第三，对牛舍及饲养用具要经常消毒。

实训操作

- 对养殖场的牛粪及污染物进行处理。
- 口述常见牛传染病的种类及症状。

6

山羊饲养管理及疫病防治

项目一　场址的选择及羊舍的修建

※ 学习目标

- ▶ 掌握山羊场址的选择。
- ▶ 掌握山羊羊舍的修建要求。

※ 学习重点

- ▶ 掌握山羊场址的选择和修建要求。

任务一　场址的选择

· 场址选择的条件之一

场址的选择必须符合相关规划，远离居民生活区，远离工矿企业，远离旅游区，远离水源地，远离其他养殖场，远离主干公路，不能建设于生活区上风口，既要避免周围环境对养殖场造成影响，又要有利于疫病防控和生产管理，还要防止养殖场粪污、空气等对周边环境造成影响。

图 6-1 山羊养殖场环境

·场址选择的条件之二

另外，场址的选择必须交通方便，网络覆盖，水源充足，地势高，干燥，通风良好，以南北朝向最为理想，有利于冬天防寒、夏天防暑。

任务二 羊舍的修建

·羊舍的修建

羊舍应建在草场中心，不靠村寨，小环境应地势稍高、干燥、背风、向阳、开阔、地面稍倾斜、排水良好，以冬暖夏凉的南坡为好。

图 6-2 楼式羊舍

· 羊舍修建的要求

不同地区羊舍修建要求不一样，贵州省大部分地区都是楼式漏缝简易羊舍，确保通风良好、光线充足、清洁、干燥、无氨臭味。同时也需考虑冬季防寒保暖需要。

图 6-3 羊舍内部

羊舍大小视羊只多少和地形条件而定，一般每间 $20m^2$ 左右，饲养 30 只羊。舍外需修运动场供山羊活动，运动场面积根据羊群数量确定，以每只羊 1.5m^2 为宜，但总面积不能低于 20m^2。

图 6-4 羊舍内结构

羊舍楼面离地面最高不超过 1.5m，以木条铺设为主，条间距 4cm，舍下地面向外倾斜 45°，舍外挖粪坑积肥，并在坑上加盖，以保持肥效。羊舍墙脚不能积水，应该设有排水沟。

实训操作

- 参观考察本地优秀山羊养殖场。

项目二　羊的品种及种羊选择

※ 学习目标

▶ 掌握山羊品种的选择。

▶ 掌握山羊种羊的选择。

※ 学习重点

▶ 掌握山羊品种和种羊的选择方法。

任务一　羊的品种

· 山羊品种介绍

山羊的品种较多，贵州省饲养较多的品种有贵州黑山羊、贵州白山羊、黔北麻羊、南江黄羊等，占贵州山羊饲养量的 70% 以上。培育品种有大耳羊；引进国外的优良品种有波尔山羊、努比亚羊等大型肉用品种，引进品种主要以规模养殖场舍饲为主。饲养品种的选择主要根据养殖目的、饲养方式、销售渠道等决定。

贵州黑山羊

贵州黑山羊是贵州山羊的代表，其个体中等偏小，被毛全黑，躯体紧凑，四肢矮而粗壮，肌肉结实，产肉高，肉质好，膻味轻，属地方优良品种，占贵州饲养量的 50% 以上，全省各地都有饲养。

（a）　　（b）

图 6-5 贵州黑山羊

贵州白山羊

贵州白山羊主要以贵州北部养殖的居多，以遵义市务川县养殖量最大，其他地方也有饲养。其四肢高，体型松散，产肉率及肉质都低于黔北麻羊及黑山羊。

图 6-6 贵州白山羊

黔北麻羊

黔北麻羊产于贵州北部，全省各地都有饲养，在省内有一定的饲养量，被毛麻带黄色，腹部颜色较浅，体型接近贵州白山羊，产肉率、肉质及膻味介于黑山羊及白山羊之间。

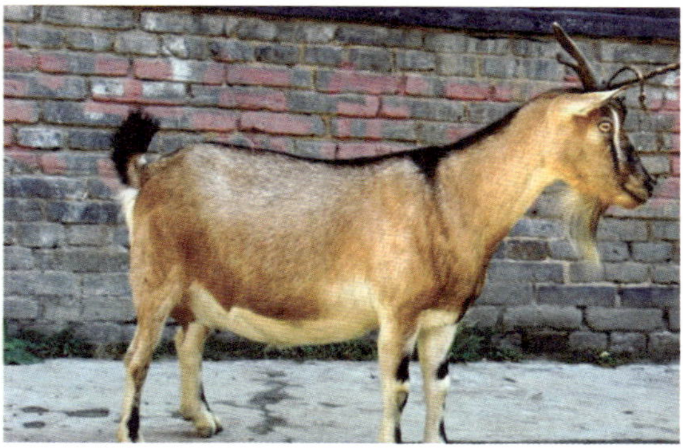

图 6-7 黔北麻羊

南江黄羊

南江黄羊原产四川，与贵州黑山羊体型相似，其个体中等偏小，被毛黄色，躯体紧凑，四肢矮而粗壮，肌肉结实，产肉高，肉质好、膻味轻，属国内优良品种，我省于 2000 年左右引进。

图 6-8 南江黄羊

大耳羊

大耳羊属大型肉羊品种，其个体高大，体型松散，被毛有麻色、黄色及黑色，耳大下垂，肉质中等，膻味重于南江黄羊等。其对环境的适应性强，放牧及圈舍养殖均能适应。

图 6-9 大耳羊

波尔山羊

波尔山羊属国外引进优良肉羊品种，其生长快，性情温顺，头颈部被毛黄色，其他部位被毛白色，背腰平直，体型大而紧凑，耳大而下垂，个体重可达 100kg 左右，产肉率高，肉质细嫩，膻味轻于其他引进品种，适合于圈舍养殖。

图 6-10 波尔山羊

努比亚羊

努比亚羊属国外引进优良肉羊品种，其生长快，被毛黑色，个体高大，四肢粗壮，耳大下垂，成年羊体重可达 100kg 左右，产肉率高，适合于圈舍养殖。

图 6-11 努比亚羊

任务二 种羊的选择

确定好饲养品种后，接下来就要考虑种羊的选择。要选择好种母羊，再特别注意选择好种公羊，常言道：母羊好，好一窝；公羊好，好一坡。这说明了种公羊对整个羊群发展的重要性。

·选种目的

后代的生产能力及品质取决于种羊的优劣，为了提高羊群质量，必须逐代精心选择优质种羊。

·选择种羊需考虑的因素

种羊本身情况

种羊的体型外貌、生长发育、毛色特征、繁殖力、体重等，都是选择种羊所必须考虑的因素，应优中选优，特别是对种公羊更不能有一点马虎。

种羊祖先情况

种羊祖先的优良品质可直接遗传给后代，在选择种羊时，应尽量认真考察其祖先的生产性能、适应性，及其他外形特征是否符合本品种特征。

种羊后代情况

种羊好坏，最终还是要看其后代，后代好，证明种羊有好的遗传特性。因此，可根据其后代好坏，来决定种羊品质优劣。

· 选种标准

种公羊标准

▶ 体型外貌必须符合品种特征，体型结构匀称，四肢粗壮端正，背腰平直，胸部宽深，肋骨弓张良好，腹紧凑不下垂，角颈粗大，被毛短而粗亮，无附奶头。

▶ 必须是双胞胎或多胞胎后代，坚决不能选择单胞胎后代作种。

▶ 体格高大，发育良好，精力充沛，活动敏捷，性欲旺盛，雄性特征明显，符合本品种种用等级标准。

▶ 生殖器官发育良好。睾丸较大对称，以手触摸应富有弹性、不坚硬（这样的精液量多、品质好），单睾、隐睾一律不留种。

图 6-12 种公羊

种母羊标准

▸ 应选双胞胎或多胞胎的后代。

▸ 体型特征上，种母羊的体型要高大，四肢粗壮，肋骨弓张，胸宽而深，肋骨间距大，肩胛后侧无凹陷，背平腰长，腹圆而大，腋窝大，肩长宽而平，乳房大、球形、基部宽广、左右大小对称、无硬结、弹性好、无附奶头，有品种标准的应按标准要求选择。

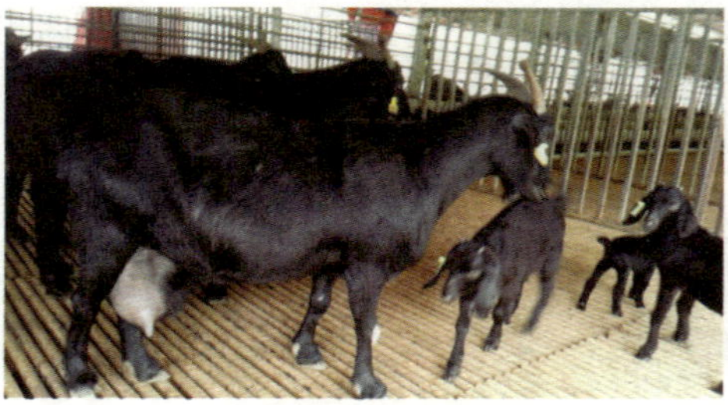

图 6-13 种母羊

后备种羊标准

应选留春产双羔或多羔个体，外形外貌符合本品种特征，羔羊发育良好，初生重达到本品种标准；公羔要个体大结实，睾丸两个，发育良好；公、母羔均无附奶头。

实训操作

- 观察不同品种的山羊的外形特征。
- 选择种羊。

项目三　山羊的生产管理

※ 学习目标

- 了解羊群建档方法。
- 掌握新购进羊群应激避免及处理知识。
- 掌握羊群的调教方法。
- 了解羊群的保健方法。
- 懂得种公羊，怀孕、产羔母羊及羔羊的管理。

※ 学习重点

- 掌握新购进羊群应激避免及处理知识。
- 掌握羊群的调教和保健方法。

任务一　羊群建档

为有利于羊群管理，为选种留种提供依据，同时随时了解羊群的生产性能，每个养羊场都必须有完整的档案。

·编号、登记

编号

编号方法有很多，有“耳缺号”“耳牌号”“刺墨号”“羊角铬印号”等方法，目前使用最多，也是最方便的编程方法是“耳缺号”。

图 6-14 编号羊群

登记

羊群编号、称重、建卡等都是同步进行的，登记内容包括：羊号、品种、年龄、性别、毛色、重量、特征等。

·建立生产档案

羊群生产档案包括编号记录、体重生长记录、配种记录、产羔记录、发病记录、死亡记录、免疫记录、用药记录等，每一项都必须记录清楚。

任务二　新购进羊群应激避免及处理

·应激避免

新购进的羊群应激特别严重，对羊群恢复生产影响很大，处理不及时还会引起严重损失。

（1）选择与新建场生态环境相近的场购进　以就近购买种羊为宜，购买后，以人工方式慢慢驱赶羊群到达新建羊场，可减少应激的发生。

（2）做好新购进种羊的应激预处理　新购进的种羊经长途运输后，都会出现应激反应，造成发病，常见病有传染性角膜结膜炎、传染性脓疱病、感冒、肺炎、腹泻等，严重时会继发传染性胸膜肺炎、羊痘等传染性疫病，引种前或到场后可饲喂少许“多维”等抗应激添加剂，时刻保持羊舍干燥、通风、清洁，给予羊群清洁的饮用水，做好防寒保暖，以防止山羊感冒，发现有羊只发病，应及时治疗。

（3）做好新引进山羊的保健　应在羊群基本恢复正

常后，采取驱虫健胃措施，主要预防肠道线虫、肝片吸虫及体外寄生虫等。

（4）加强放牧 新引进山羊应充分放牧，确保羊群吃好、吃饱，并补喂饲料，补充“多维”等抗应激添加剂。

· 羊群的调教

调教是新购进羊群时的一项非常重要的工作，调教得好，可在今后的生产管理工作中起到事半功倍的效果。调教的方法是先给群羊信号，然后饲喂食盐，让羊群形成条件反射，反复一周即可基本调教成功，切记不能给了信号不给吃的，否则将前功尽弃。

任务三　羊群的保健

羊群保健在生产管理中尤其重要，其重点是寄生虫病和传染病的预防。不论是寄生虫病还是传染病，一旦发生，都会对规模养羊造成重大损失。

驱虫

驱虫既经济又实惠，是保证羊群健康生长的有效方法。驱虫以防治肝片吸虫、肠道线虫、螨虫等为主，春、秋两季应分别普遍驱虫 1 次。驱虫药品有抗蠕敏、伊维菌素、杀螨灵等。

药浴

药浴主要为了消灭山羊体外的疥螨等寄生虫，用菊脂类杀虫剂，对山羊进行药浴，每年药浴 2—4 次，春、夏、秋三季各进行 1 次，气温高的地方可进行 4 次。

免疫

各地山羊的防疫，视当地对山羊危害严重的常见传染病而定，特别是人畜共患的传染病更需要重视。贵州省以山羊痘、传染性胸膜肺炎、传染性腹泻危害最大，近年来许多地方曾出现布鲁氏菌病（简称“布病”），这些都是预防的重点，应根据每种病的特点按免疫程序做好免疫注射。

定期处理羊粪，管理好羊舍及周围环境卫生

楼式羊舍要求将圈内积粪清扫干净，并将舍下积粪清除，运到发酵池发酵或进行无害化处理，同时对羊舍及周边环境进行消毒处理，保持羊舍及周围环境清洁卫生。

严禁剖食病死羊尸，所有死羊必须进行无害化处理

病死羊可采取深埋、焚烧、高温处理等的处理方法，处理后应对被污染的环境进行彻底消毒，参与处理的员工也要做好防护，同时做好消毒工作，确保人畜安全。

任务四　种公羊、怀孕、产羔母羊及羔羊管理

· 种公羊的管理

种公羊的管理以保持公羊强壮的体质、良好的种用体况为目标，使其精力旺盛、性欲强、精液品质好，能完成配种任务。

种公羊应单独饲养，配种繁忙季节前就应该要加强种公羊的饲养管理，主要方法是延长放牧时间，补喂以维生素 A、维生素 E 等为主的多种维生素和蛋白质、能量饲料等，以确保种公羊到配种期膘肥体壮。

合理利用种公羊。种公羊的初配以 8—10 月龄、体重达 20kg 以上的公羊为宜。在母羊的发情高峰期，成年公羊每日配种次数原则上不能超过 6 次，以 3—4 次最好，连续配种 3 天需休息 1 天，初配公羊原则上不超过

4次。

·母羊的饲养管理

空怀母羊的管理

对空怀母羊，应及早恢复其良好的体况，以便下次尽早配种，提高配种受胎率和胎产羔数。主要做法是加强放牧，体况较差的适当补充维生素及蛋白质、能量饲料。

怀孕母羊的管理

山羊怀孕期平均为152天，期间应加强管理。

（1）记录好母羊配种产羔期 预产期从最后一次配种的第2天起计算，产羔期前应准备好接产工具并消毒备用，同时准备好产房，铺上垫草，冬天做好防寒保暖，以每只母羊一间产房为好，严格对产房进行消毒。

（2）加强怀孕母羊管理 分群饲养怀孕母羊，不得急追猛赶母羊，以免羊群打架或公羊追赶母羊导致流产。产前1个月是胎儿在母体内生长最快的时期，其体重的65%以上均是在此期间生长，因此，此期间应适当给母羊补充精料及矿物饲料，以有利于胎儿正常发育，产出健壮羔羊，同时能确保母羊产羔后有充足的奶水。特别注意，此时不得饲喂发霉变质的饲料。

（3）哺乳母羊管理 孕羊乳房能挤出乳汁后，经1周左右时间临产。临产前，母羊焦躁不安，此时应将母羊赶到产房内进行单独饲养。生产时若发现胎位不正，应将胎儿送回母体内进行胎位矫正，然后让母羊自然生产。胎儿出生后，应用干燥毛巾等擦去胎儿体表黏液，然后放到母羊身边，让母仔相认后方可移开羊羔，否则可能造成母子不相认，从而增加管理上的困难。

产羔母羊应补充精料，保证其有充足的奶水哺育羔羊，保证母羊产后2个月体重不低于正常体重，这样可使羔羊健康，疾病少，成活率高。

羔羊的饲养管理

确保羔羊健康发育生长，减少疾病的发生，提高羔羊成活率和断奶重。

（1）尽早让羔羊吃足初奶 初乳营养丰富，含有大量抗体，能提高羔羊的免疫抗病能力。

（2）提早补饲 羔羊15日龄以后，应进行采食幼嫩青草训练，以刺激其唾液分泌，促进瘤胃发育，使之提早反刍，并适当补给精料。3月龄时可进行断奶，断奶后须挤尽母羊乳房中的乳汁，以防母羊发生乳房炎。

实训操作

- 口述羊群的保健措施。

项目四　山羊常见病防治

※ 学习目标

▶ 了解羊的山羊痘、羊口疮、传染性角膜结膜炎等常见病的防治。

▶ 掌握基本的防疫常识。

※ 学习重点

▶ 掌握羊常见病的诊断与防治。

任务一　羊的主要传染病

山羊的传染病很多，在贵州山区发生最多，影响最大的主要有山羊痘、羊传染性胸膜肺炎等，其次是羔羊痢疾、传染性角膜结膜炎、传染性脓疱病等。

· 山羊痘

(1) 病因　本病是由山羊痘病毒引起的一种高致病性传染病，感染后，病羊皮肤和黏膜上出现痘疹。

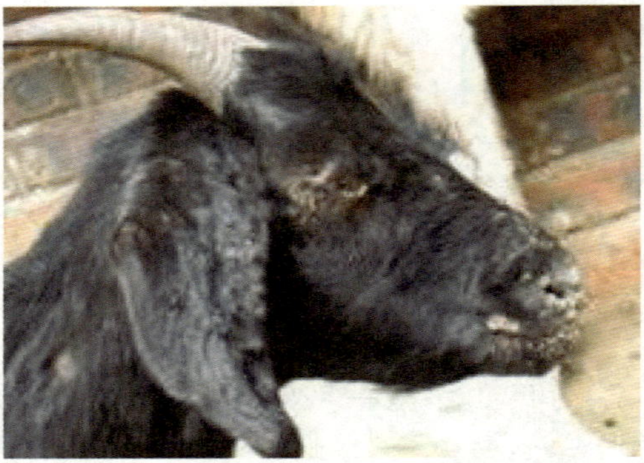

图 6-15 山羊痘症疹

（2）症状 本病潜伏期为 6—8 天，发病后，病羊体温达 41—42℃，食欲下降，精神委顿，结膜潮红，流鼻涕，一般 2 天后，在皮肤表面会出现丘疹（突出皮肤），后逐渐增大形成 1.5cm 大小的半球形结节，几天后变成水痘。

（3）预防 每年应定期用山羊痘疫苗预防接种，不论羊只大小，一律在尾部或股内侧皮下注射山羊痘疫苗 0.5—1mL。

（4）治疗 无特效治疗药。

（5）扑灭措施 山羊痘在我国属于一类动物疫病，发现疑似山羊痘病羊后，有关部门将按一类动物疫病管理办法对其进行扑灭。

·羊口疮

（1）病因　羊口疮，又称为羊传染性脓疱，是由羊口疮病毒引起的一种绵羊、山羊共患传染病。以3—6月龄羊发病最多，群发性流行。成年羊发病较少，呈散发性传染。本病多发于秋季，无性别和品种差异。

（2）症状　主要因购入病羊、带病毒羊，或使用病羊污染过的羊舍和草场而使健康羊感染发病。本病潜伏期4—7天，贵州地区以羊唇部口疮为主要症状，所以叫羊口疮。

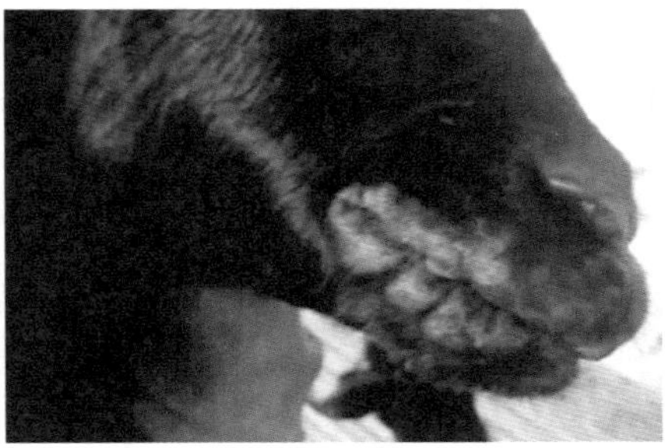

图6-16 羊口疮

病羊首先在口角、上唇、鼻镜上发生散在小红斑点，很快形成麻子样小结节，继而形成水泡或脓疱，破溃后成棕褐色疣状硬痂。良性的会慢慢干燥，1—2周脱落，恢复正常。严重的患部继发大面积龟裂、易出血的污秽痂垢，整个嘴唇肿大外翻，病羊采食困难，口腔黏膜、颊部、舌、软腭、黏膜上发生被红晕围绕的灰白水泡或脓疱、溃疡，后因继发肺炎而死亡。病羔吃奶易使母羊乳房感染。

（3）防治

▶ 接种弱毒疫苗预防。

▶ 隔离病羊，及时治疗，加强病羊饲养管理。

▶ 口部患处用食醋或 0.1% 高锰酸钾水冲洗，糜烂面可用 1%—2% 明矾或 7% 碘甘油涂抹，口腔内患部可用冰硼散撒布患处，每日早晚各 1 次。

·传染性角膜结膜炎

（1）病因 传染性角膜结膜炎也叫红眼病，是由多种病原体（主要是衣原体、立克氏体和某些细菌）导致的一种接触性、急性传染病。各种日龄的羊，在各季节都容易感染，且会快速传播。

（2）症状 患病初期病羊畏光，流泪，眼睑肿胀，结膜潮红，有黏性及脓性分泌物，2—3 天后角膜混浊，呈灰白色，5 天左右即可失明，严重者角膜上可形成溃疡。无全身症状，病程 2—3 周，多数羊自然康复，少数羊会造成角膜白斑和失明。

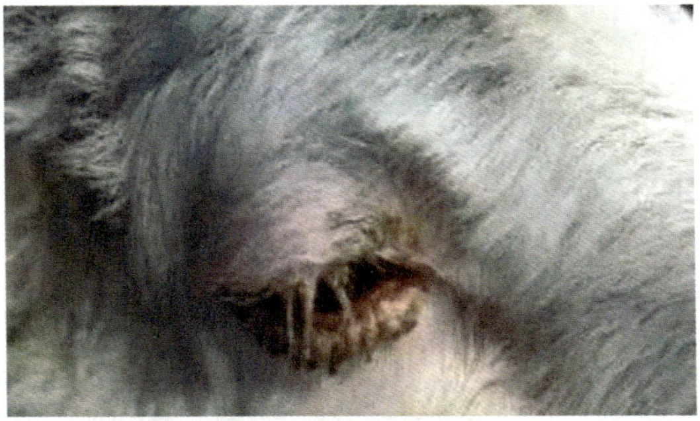

图 6-17 传染性角膜结膜炎

（3）防治

▶ 隔离病羊，及时治疗。

▶ 用 2%—5% 硼酸水、0.2% 硫酸铜溶液清洗患部，随后用抗菌眼膏涂搽，每日 2—3 次。

▶ 青霉素水剂、油剂点眼，每日早晚各 1 次，直至治愈为止。

· 羊痢疾

（1）病因 本病由魏氏产气荚膜梭菌引起，主要危害 10 日龄前羔羊，会造成羔羊大批死亡，10 日龄以后很少发生。常因母羊怀孕期营养不良造成羔羊体弱；母羊母乳不足，羔羊吃奶饥饱不均，吃不足奶造成体弱；气候突然变冷造成感冒；卫生条件差等导致感染。

（2）症状 病羊精神沉郁，呆立或卧地不起，腹泻，粪便恶臭，呈黄白色、黄绿色或灰白色，尾、后肢黏糊粪便，后期排便失禁，粪便带血，末期口吐白沫，头后伸，呻吟，体温下降，最终昏迷死亡。

图 6-18 羊痢疾

病理变化：病死羊第 4 胃黏膜出血，有小坏死灶，小肠黏膜潮红、溃疡，肠内容物为红色，肠系膜淋巴结肿大、潮红、出血。

（3）防治

- 加强母羊饲养管理，增强母羊怀孕期体质，使所产羔羊健壮。
- 保证母羊有充足的乳汁。
- 保持产羔房干燥、清洁，冬天做好保暖。
- 初生羔羊做好脐带消毒。
- 产羔季节发现病羊，应立即隔离，烧掉垫草，消毒羊舍，病羊粪便发酵处理。

▶ 用羔羊痢疾菌苗预防。

▶ 治疗病羊，可采用抗菌、消炎、止泻、解毒的综合治疗方法，但往往疗效不佳。

任务二　羊的主要寄生虫病

· 绦虫病

（1）症状　病羊拉稀，被毛干枯无光泽，羊体瘦弱，有时抽搐，做旋转运动，头后伸，空口磨牙，口流白沫。

（2）防治

▶ 吡喹酮，每千克体重 5—10mg，1 次口服。

▶ 丙硫咪唑（抗蠕敏），每千克体重 20mg，计重投药，1 次口服。

▶ 氯硝柳胺（灭绦灵），每千克体重 100mg，1 次口服。

▶ 别丁（硫双二氯酚），每千克体重 60—80mg。

· 前后盘吸虫病

（1）症状　春秋发病，顽固性拉稀，粪便腥臭或带血液，消瘦，被毛干枯。

（2）防治

▶ 溴轻替苯胺，每千克体重 65mg，制成悬浮液进行灌服。

▶ 丙硫咪唑（抗蠕敏），每千克体重 20mg，计重投药，1 次口服。

▶ 氯硝柳胺（灭绦灵），每千克体重 50mg，计重投药，1 次口服。

▶ 别丁（硫双二氯酚），每千克体重 60—80mg，计重投药。

▶ 硝氯酚，每千克体重 20mg，1 次口服。

·肠道线虫病

（1）症状 病羊食欲不振，消化不良，顽固性或周期性拉稀。羔羊、幼羊生长缓慢，被毛干枯，不光亮；成年羊消瘦，育肥困难；母羊少孕或不孕。

（2）防治

▶ 每年春秋两季末，给羊群逐只各驱虫 1 次，可起防治作用。

▶ 治疗：伊维菌素，每千克体重 0.2mg，皮下注射。

▶ 丙硫咪唑（抗蠕敏），每千克体重 15—20mg，计重投药。

▶ 左旋咪唑，每千克体重 5—7mg，1 次灌服。

· 羊体外寄生虫病

羊体外寄生虫病主要有羊疥癣病。羊疥癣是由疥螨和痒螨感染导致的，疥螨主要寄生在皮肤中，痒螨主要寄生在皮肤表面，肉眼可以看见。冬季气候寒冷时多发，羊群拥挤时发病更多。羊只感染发病后，身体整体感瘙痒，局部被毛脱落，羊因身上瘙痒而不断摩擦，导致局部皮肤磨损出现丘疹、结节等。痒感影响羊的正常采食，羊会逐渐消瘦。

（1）症状 羊得病后，先由皮薄毛少的头部等处开始脱毛，逐渐向全身蔓延，脱毛处常变为灰白痂皮，严重时全身大部分脱光，羊体消瘦，皮肤发痒、开裂。

图 6-19 山羊螨病颈部开始脱毛

图 6-20 绵羊螨病脱毛

（2）治疗

▶ 伊维菌素，口服每千克体重 2mg，皮下注射每千克体重 200 微克（1 克 =10000 微克）。

▶ 药浴，药浴适用于病羊较多且气候温暖的季节，可选用 0.5%—1% 敌百虫溶液，0.05% 蝇毒磷乳剂水溶液或 0.05% 辛硫磷乳油水溶液进行。

实训操作

▶ 口述山羊常见传染病的防治措施。

后　记

2014年6月23日—24日，全国职业教育工作会议在北京召开。习近平总书记就加快职业教育发展作出重要指示："要加大对农村地区、民族地区、贫困地区职业教育支持力度，努力让每个人都有人生出彩的机会。"中共贵州省委、贵州省人民政府为认真学习贯彻习近平总书记的指示精神，召开了全省教育高质量发展大会，制定实施措施，安排贵州省教育厅在全省抓好落实。省教育厅按照省委、省政府的工作部署，及时出台了《贵州省整体提升教育水平攻坚行动计划（2021—2030年）》，围绕全面推进乡村振兴战略需要，以提升学历水平、职业技能和农业生产经营能力为导向，深入推进面向农村的职业教育改革，加快培养高素质农民，集中力量对具有劳动能力但文化水平较低的人员实施技能学历双提升，通过职业教育让相关人员提升文化素养、学得一技之长，达到毕业条件的学员可获得中等职业教育文凭。

本教材旨在帮助低学历劳动者快速掌握畜禽生产技术的基本知识及操作技能，使其能学有所用，学有所获。

教材编写充分考虑贵州省农村畜禽生产技术现实技能需求与受教育者学习规律，教学内容按课程标准科学规范设置，浅显易懂。教材从兽医技术基础、养殖技术基础等基础知识入手，逐步融入了具有较强实用性和可操作性的猪生产技术、实用养鸡技术、肉牛养殖技术、山羊饲养管理及疫病防治，教材中适当配以图片进行讲解、说明，具有较强的指导性和实用性。

本教材由王洁、王中学、姚祖斌、陈继位、李美瑜、叶志雄、杨通会、陶冶、黄弦佩等编写。其中，王洁、王中学编写模块一兽医基础技术、模块二养殖基础技术，姚祖斌、陈继位编写模块三实用猪生产技术，李美瑜、叶志雄编写模块四实用养鸡技术，杨通会、陶冶编写模块五肉牛养殖技术，陈继位、黄弦佩编写模块六山羊饲养管理及疫病防治。

本书在编写过程中，得到了罗甸县养殖业发展中心、罗甸县农业农村局及相关专家的大力支持，参考了相关专家的大量文献资料，由于种种原因参考文献未在书中一一列明，敬请谅解。贵州大学出版社多次组织召开教材编写修订会，编写人员在业内专家和贵州大学出版社的帮助下，最终完成了教材的编写工作。在此谨向有关专家、单位表示感谢！

衷心希望本教材的出版能为推动贵州省职业技能学历双提升工程教学工作的顺利实施，为全面提升贵州教育水平、助力贵州乡村振兴做出贡献。

由于编者水平所限，书中难免存在疏漏及错误之处，敬请各位专家及读者批评指正。